版权声明

Copyright © Jane Milton, Caroline Polmear and Julia Fabricius 2011

English language edition published by SAGE Publications of London, Thousand Oaks, New Delhi and Singapore, Jane Milton, Caroline Polmear & Julia Fabricius, 2004.

All rights reserved

保留所有权利。非经中国轻工业出版社"万千心理"书面授权，任何人不得以任何方式（包括但不限于电子、机械、手工或其他尚未被发明或应用的技术手段）复印、拍照、扫描、录音、朗读、存储、发表本书中任何部分或本书全部内容，以及其他附带的所有资料（包括但不限于光盘、音频、视频等）。中国轻工业出版社"万千心理"未授权任何机构提供源自本书内容的电子文件阅览、收听或下载服务。如有此类非法行为，查实必究。

A Short Introduction to Psychoanalysis
(2nd Edition)

精神分析导论
（第二版）

简·米尔顿（Jane Milton）
[英] 卡罗琳·波尔米尔（Caroline Polmear） 著
朱莉娅·法布里丘斯（Julia Fabricius）

余萍 周娟 译
施琪嘉 审校

中国轻工业出版社

图书在版编目（CIP）数据

精神分析导论：第2版／（英）米尔顿（Milton, J.）等著；余萍等译．—北京：中国轻工业出版社，2014.12
（2023.2重印）
ISBN 978-7-5019-9974-3

Ⅰ.①精⋯　Ⅱ.①米⋯　②余⋯　Ⅲ.①精神分析　Ⅳ.①B84-065

中国版本图书馆CIP数据核字（2014）第239880号

总 策 划：石　铁
策划编辑：阎　兰　　责任编辑：陈　珵　　文字编辑：罗运轴
责任终审：杜文勇　　责任校对：刘志颖　　责任监印：吴维斌

出版发行：中国轻工业出版社（北京东长安街6号，邮编：100740）
印　　刷：三河市鑫金马印装有限公司
经　　销：各地新华书店
版　　次：2023年2月第1版第5次印刷
开　　本：710×1000　1/16　印张：20.75
字　　数：185千字
书　　号：ISBN 978-7-5019-9974-3　定价：50.00元
读者热线：010-65181109，65262933
发行电话：010-85119832　传真：010-85113293
网　　址：http://www.chlip.com.cn　http://www.wqedu.com
电子信箱：1012305542@qq.com
如发现图书残缺请拨打读者热线联系调换
130551Y2X101ZYW

中文第二版代序

离给这本书的中文第一版写序,已经将近10年了。

很欣喜地看到,第二版里增加了一些新的内容,这表明精神分析这门学科,一直都有来自脑科学和其他循证医学的"源头活水"注入,这确保了它与时俱进的科学性;那些几百年甚至几千年不变的理论,不是科学,而是教义的教条。

更加欣喜地看到,这10年来精神分析在中国的迅速传播,当然特指在心理咨询和心理治疗这样的应用领域的传播。统计学显示,现在中国大多数从业者的理论取向,是心理动力学(即精神分析)的;一个被普遍接受的观点是,作为一个好的咨询师或治疗师,你不必一定要用精神分析技术治疗你的来访者,但你必须有精神分析的头脑或者理解,才能看到人内心更开阔深远的风景,也才能在使用其他学派技术时更加得心应手。没有精神分析的理解垫底,任何针对人心的工作,都可能是无效的甚至是有害的。

一门学科的发展,只靠翻译几本书是不行的。这10年来,精神分析培训领域也成就斐然。德中心理治疗院(在德国注册的非营利组织)和上海精神卫生中心举办的第五届精神分析连续培训已经结束，第六届正在招生中；挪威卫生部和北京安定医院举办的精神分析培训项目也在继续；美国精神分析组织和武汉心理医院合办的中美精神分析培训已经成功举办了两届；武汉中德心理医院常年为从业者提供精神分析取向的各种培训和进修机会；由美国精神分析师 Professor Elise Snyder 创办的中美精神分析协会，也以网络加地面课程的形式，训练了数以百计的年轻的咨询师。这些高质量的训练项目，在相当大的程度上保证了我们给来访者所提供的服务的质量。

学术管理方面有两项成就值得一提。一是在四年前，中国心理卫生协会心理咨询与治疗专业委员会下属的精神分析学组，升级为二级学术组织，即精神分析专业委员会，肖泽萍教授任首任理事长。这是中国唯一以单个学派的名义成立的委员会级别的组织，为精神分析的发展提供了一个更高的管理平台；二是精神分析专业委员会和上海精神卫生中心等机构成功主办了三次中国精神分析大会，促进了同行之间的交流，也扩大了在各个领域的影响力。

诸多努力，使精神分析燎原之势已成。当此热潮，我们也许更应该冷静反思一下，精神分析到底能够带给我们什么。我个人认为，它主要在以下几个方面有用。

第一，精神分析可以用来协调人和文化的关系。文化是人与人之间的关系的设置，其一旦被制造，就具有了非人化的"独立人格"，有着它自己的利益，比如被遵守、被尊重、长命不死，等等。在很多情形下，文化的利益跟身处其中的人的利益是对立的。在这场旷日持久的利益对决中，文化以其"千年老妖"的功力，再联合人群中的"汉奸"，对那些试图维护自己利益的个体实施围堵、压榨甚至剿灭。不必用统计学就知道，跟文化交手的个体经常要俯首称臣。这就是孔夫子所谓"文胜质则史"的人漫山遍野，而个性鲜明、快意人生的人寥若晨星的原因。

精神分析可以帮助我们彻悟人与文化的关系，并且在这个关系中旗帜鲜明地维护每一个个体的利益，尤其是孩子的利益。从这个角度来说，精神分析师是真正的人本主义者，而不是"文化本"主义者。一切不维护个体利益的文化，都可以入土了。

第二，精神分析可以扩大每个个体的觉知范围，包括对自己、他人和这个世界的觉知。在任何意义上，生命的质量都直接等于我们觉知的数量。意识范围缩窄，是当今很多人的特点，他们在很多情况下几乎像是戴着眼罩活着的。

昨天去湖北黄梅的五祖寺。狭窄的山路上，一个车主把车停在路口中间，就去烧香了，导致上下山的通道堵了40多分钟。这就是典型的意识范围缩窄，此人无法感知他的行为可能对他人有何种影响。记住，这不是道德问题，而是心理疾病。这样的人，纵使烧千炷香于己于人又何益？拜佛的仪式对他来说过于高级了一点，他首先需要被精神分析治疗，扩大觉知，然后才可以觉悟。

所以有人说，如果你要到佛陀那里去，必须先经过弗洛伊德。

第三，精神分析可以帮助每一个个体提升自我功能，这包括所有的能力，尤其是创造力。近二百年来，没有一样影响人类生活的重大发明是我们中国人发明的。以最长的文明史和最大的人口基数，却做出几乎为零的贡献，实在愧对我们曾经最高贵的血统。当然我们也知道，导致这个状况的不是智力因素；在一些多少有点小心眼儿的跟他人的比较中，我们的智力高得经常让自己都有点不好意思。

不是因为智力，那就一定是因为人格了。所谓创造，就是一个人携带着童年时足够好的父母给他的滋养，去行走陌生的路，弥补父母的不完美。换句话说，创新最深刻的动力，来自对父母和他们制造的世界的不满；如果完全满意，那就不需要去创造了。但是在我们的文化中，对父母的不满是禁忌：语言上的不满都不可以，何况用创造性的行为？

创造是一个民族站在它的传统之上对远方风景的关注和向往；创造是人类健康自恋的最美丽的表达，是每一代人给予上一代人的最大尊重、给予下一代人的最优雅的关爱。创造是对抗死亡焦虑的唯一良药，是活着的最佳方式，同时也是生命的终极目标本身。精神分析的目标，就是从人格层面帮助每一个人每天都在创造性地活着。

还可以写很多精神分析可以做什么，但这已经超出了一个序言的范围了。

再次深情地推荐这本书。不只是向专业人员，而是向所有对人性、人生和人类好奇的人推荐。

曾奇峰
2014年正月初六于武汉

再版译者序

从本书初版发行（2005年）以来，精神分析在中国经历了近十年的发展，已经发生了实质性的变化，并取得了丰硕的成果：在上海举办了两次国际精神分析大会，精神分析的中德班、中挪班、中美班、中法班作为连续项目分别在北京、上海和武汉持续举办，而这些培训还远远无法满足报名者的需求，每次都是供不应求，动力性夫妻治疗班也在北京连续举办，参加培训的人数初步统计超过1000人（以精神分析培训为例，上海中德班连续举办五届约800人，武汉中挪班6期100人，中美班四期140人），这还不算由中方教员在各地（太原、石家庄、南京、重庆、合肥、福州、乌鲁木齐、包头等地）举办的中德模式的动力连续培训项目中接受培训的人员。

近日笔者在襄阳举办了两天的自体心理学的讲座，感受到了中国新一轮的精神分析传播氛围：它不仅从一线城市向二线城市发展，也开始影响到三线城市，在纵深方面，它不再停留在经典的弗洛伊德理论和一家之言的层面上，而是涉及现代客体关系理论，如科胡特、比昂、温尼科特、克莱因等人的理论；拉康、第四团体、费尔贝恩、霍拉奇奥等不同国家精神分析师的名字以及以网络为主的 capa 等多种培训形式也越来越多地出现在各种督导中；和国际的接轨变得平常化，林涛博士获得了国际精神分析协会（IPA）分析师的资格，IPA 每年的年会都会邀请中方 IPA 候选人参会，在 IPA 大会上可以听到越来越多的中国人的声音，在福建的海峡两岸心理论坛上可以听到来自台湾同行关于精神分析的经验分享。在杭州举办过一次精神分析与佛学界的对话，中国文化与荣格分析心理学为主题的大会已经在广州、青岛等地举办过多次……精神分析已经逐渐蔓延到中国的各个角落。

新版的《精神分析导论》增加了精神分析的批判和研究以及职业化等内容，这都是当下精神分析发展领域中敏感而重要的话题，作者没有回避。在精神分析批判这一章节中作者还以相当有趣的角度描述了人们对精神分析偏见的来源：

因为人们习惯于研究他们自己和他人的心灵，所以每个人都倾向于认为自己是这方面（心灵）的专家，而物理学家的权威意见永远都不会受到同样的通俗化降级的损害。（译者注：此语来自弗洛伊德的一则轶事：爱因斯坦过生日时，弗洛伊德祝贺道："你这个幸运的老头！"爱因斯坦不解，因为觉得自己的成就来自辛勤劳动，和幸运无关，于是问弗洛伊德何出此言。弗洛伊德说，你研究的物理学每个人都不懂，所以不会挑你的毛病，而我研究的领域每个人都以为自己是专家。）弗洛伊德的观点以惬意的、平庸的形式渗透到我们的文化中，这种渗透有利也有弊，故而福瑞斯特（Forrester）沮丧地评论道："论述弗洛伊德的过程总是一个去除读者们受到的（错误）教育的过程（1997:12）"（译者注：即读者们在阅读弗洛伊德的著作前，已经由于错误的教育对弗洛伊德主义产生了诸多误解和刻板印象，如我国读者以为弗洛伊德是泛性论者和唯心主义者）。

虽然再版已经对精神分析在不同地区的发展有所介绍，但我们仍然可以期待有一天该书的再次再版能够提到精神分析在中国的发展，不过一向比较挑剔的英国卡纳克（Karnac）出版社这次似乎敏锐而大胆，已经捷足先登，《精神分析在中国》一书即将出版，我想，届时大家看了这本书再去看那本，一定会深有感触的！

施琪嘉

2013年11月24日于上海

推荐序(第一版)

关于精神分析的论著很难翻译。一则,内容深奥,门外人很难读懂。再则,圈内人即使读懂了,常是只能意会不能言传,要再创作成读者也能看懂而且读得下去的文字,更是难上加难。要译这样的著作,至少得具备两个基本条件:一是对精神分析有较深的认识,二是要有较好的中文和外文的理解和表达能力,最好还能加上一点"天赋"和对精神分析的几分"热情"。施琪嘉和曾奇峰领衔的翻译工作组,恰恰是具备了这样条件的一组人,所以,他们奉献的是一部佳作,一部可以看,应该看,还会感到读得很有滋味很有帮助的书。

对精神分析的理论和实践的评价,众说纷纭。因为我对之知之不多,不敢妄自评论。据我所知,在许多国家,精神分析治疗是一门具有相当市场的行业。以美国为例,有近万名心理治疗师,赖以从事精神分析谋生;数万名精神科医师,接受过精神分析的训练;数十万美国人接受过或正在接受精神分析治疗。这一行业,在那里已经生存了六七十年。我们常说:实践是检验真理的唯一标准。那么，精神分析的实践证明，必定有它的合理性和有效性，这是经过市场检验的。在许多国家，精神分析并未列入医疗保险支付目录，还是有那么多人愿意掏腰包，自己付费接受这类交谈治疗；其中有些人还月以继年，持之以恒。我不相信，他们都是低能或者是冤大头。

从施琪嘉先生写的译序中得知，我国目前至少已有200名经过培训的精神分析工作者。恕我浅陋寡闻，我原先还不知道已有如此之众，已经有了一支不小的队伍。这一数字，已经是1949年我国在精神科工作的医师总数的两倍，而且是在1997年以来的7年中发展起来的。发展势头之猛，令人咋舌！过若干年，再做一次统计，队伍壮大的比例，将在某种程度上反映精神分析事业的发展。当然，除了数量之外，还得考虑质量。用精神分析圈内的行话说，就是精神分析师们自身的"成长"。

我是一名长期从事精神科工作的医生。一向以为，我国的精神科服务，重生物轻心理，这也是大多数发展中国家的通病。近年，有幸看到医学心理学、心理咨询、心理治疗正在健康发展，精神分析及其他心理治疗的同道们，以极大的热情投入他/她们所从事的专业，包括在已非洛阳纸贵的今天，本书的译者们愿意以极小的投入/经济产出比，耗心血花时间译成本书。深感中国的心理治疗大有希望，衷心祝愿，有志于精神分析的同道们一路走好。

张明园
2004年11月

序言（第一版）

我们很高兴中文版将成为本书的第一个外文译本。感谢我们的译者施琪嘉、曾奇峰、李晓驷、吴和鸣、李孟潮及其小组卓有成效的翻译工作。

2003年，作为本书的作者之一，我来到中国进行教学访问，对精神分析领域感兴趣的心理治疗师们进行督导。当时，在北京举行的为期一周的培训班上有应邀来自其他国家的精神分析师，这是北京安定医院的杨蕴萍教授近年来组织、领导的连续性精神分析培训项目的一个缩影。在培训班上，许多来自中国各城市精神卫生中心、投身于心理治疗行业的医生及心理学家们显示出他们对精神分析的极大兴趣，通过培训，我们展示了动力性心理治疗是如何减轻临床病人痛苦的技巧。

虽然本书主要从英国人的视角来写，不过，绝大部分内容都适用于任何国家那些想阅读精神分析介绍性内容的人们。虽然，目前在中国，精神分析的临床应用只吸引了少数人的兴趣，但正是他们在努力地建立动力性治疗的培训体系。我们相信——正如来参加北京研讨会的心理治疗师们所坚信的——强调"理解"

的精神分析性心理治疗能够服务于更多的人群。因此,培训的资源不仅属于现有的中国同道们,也将属于如他们一样想进一步进修和学习的人们。

我们谨将本书的中文版献给杨蕴萍博士以及参加北京研讨会的心理治疗师们。我们希望心理治疗师、精神科医师及从事心理学、教育学及有关领域的人们均能分享它,同时,也希望那些能够影响到政策和公共传播的人士能够读到本书。我们希望,本书能够引起人们对阐明人类功能许多方面的兴趣及好奇心,并希望通过精神分析的思维方法能促进人类潜能的进一步开发。

朱莉娅·法布里丘斯(Julia Fabricius)
2004年4月于英国伦敦

译序一（第一版）

人类精神发达的最显著标志，也许是人类可以自己探索自己的精神世界。在这样的探索中，由于探索者和被探索者是一体，主体和客体、主观和客观之间永远都没有明确的界限，所以其难度是可想而知的。数千年来，探索的结果从数量上来说已经是非常巨大了，但是，也许其中的一大部分只不过是主观的臆断而已，离被探索者的实况相距甚远。说那些结论是"主观臆断"这一判断本身就有问题。首先是因为这个判断本身就有臆断的嫌疑，因为我们到现在为止还不知道到底什么判断不是臆断；我们甚至可以说一切判断都是臆断。其次，这些探索的结果本来就是人的精神世界的产物，是应该被探索的客体，谁在探索和谁被探索在这里又混杂在一起了，成为似乎永远都无法解开的死结。虽然探索之路扑朔迷离，但人类从来都没有停止过探索的努力。在解决探索的主体和客体的临界不清楚这一难题上，人类发明了无数的探索的工具，以切开主客体之间的黏连和重叠。只有切开了、分离了主客体，探索才会成为可能。

从探索的工具及其使用来说，东西方有着巨大的差异，这一差异曾经被看成是一个巨大的障碍和问题，但现在看来，它简直是命运之神赐给人类的巨大的礼物：如果没有这种差异，探索的全面性就会大打折扣，而且探索过程本身也会丧失百花齐放的壮观和趣味。如果要分别在东西方文化中各选一个具有代表性的探索人类精神世界的工具，那我的选择是：东方的佛学和西方的精神分析。它们完全是从不同的角度、以不同的方式呈现，但却指向完全一样的目标：人类的心灵。

　　工具的产生极大地促进了探索，但是工具也制造了额外的障碍。这一障碍来自工具本身。也就是说，在探索的过程中，由于工具的发展甚至膨胀，导致了探索者只对工具感兴趣；工具成了探索的目标，替代了人的心灵。佛教的创立者释迦牟尼死前意识到了这一危险，所以他说：我没有传法，谁说我传了法，就是诽谤我。他这样说是试图毁灭他制造的工具，让其弟子迷途知返。遗憾的是佛教发展到今天已经是体系庞大了，任何人即使用上一生的时间，也不可能读完佛教的典籍。笨重的工具，绝不是好的工具。我见过很多智慧超群的人，遗憾的是，他们对佛学的兴趣，胜过了他们对人的心灵的兴趣。不过话说回来，佛学本身也许是简洁的，只是在那些没有真正觉悟的人的心里才变得繁复和杂乱。精神分析的历史虽仅百年，但由于社会的发展，相关的资料也算得上是浩如烟海了，它自己也就成了一种需要探索的对象。所以一直有很多人只对它感兴趣，而忽略了它只是探索心灵的工具这一事实。本末倒置，让人唏嘘不已。佛教的禅宗是一种试图完全取消工具的努力，但境界太高，高得有点看不见、摸

译序一（第一版）

不到、抓不着。

折中的方式是，我们可以把工具弄得简洁一点。简洁的力量就在于，它不会让你过多地分散精力，又不会让你感到虚无缥缈；既能使用探索的工具，又不会为工具所累。在表达上，简洁是一种非凡的能力。把复杂问题简化的能力本身，就是一个巨大的心灵之谜。这本《精神分析导论》就向我们展示，复杂如精神分析者，也可以用那么通俗和那么少的文字说清楚。正文已经很简洁，序言更不应啰嗦。作为结语，只有一句话：这虽然是一本介绍精神分析的书，但它却可以使你离精神分析更远一点，而离心灵更近一点。

曾奇峰

2004年8月27日于北京邮电疗养院

译序二（第一版）

《精神分析导论》是一本高度浓缩后的关于精神分析概况和进展的介绍，由英国伦敦精神分析协会的三个女性精神分析师所写。

女性精神分析师从事精神分析工作和编写精神分析书籍在精神分析发展史上，特别在英国有着特别的传统，有一本名叫《女性精神分析师》的书，其中就有对精神分析发展产生过重要影响的英籍女性精神分析师如安娜·弗洛伊德（Anna Freud）、玛格丽特·马勒（Margaret Mahler）和梅兰妮·克莱因（Melanie Klein）等人的介绍。弗洛伊德的小女儿安娜·弗洛伊德终身致力于精神分析的工作，对自我心理学的发展起到了重要的作用；玛格丽特·马勒和梅兰妮·克莱因则从女性细腻的角度出发，对婴儿、儿童进行了仔细的观察，从而极大地促进了客体关系理论的发展。在英国，克莱因学派成为独立的精神分析培训系统，如在伦敦，就设有克莱因学院。没有这些杰出的女性，一些耳熟能详的概念如"发展线"、"三月的微笑、八月的焦虑"、"偏执分裂状态"、"抑郁状态"等概念就无从产生，而这些概念构成了我们不仅理解成人，进而理解婴儿、儿童的基础，也拓宽了我们对正常人的精神结构从发展的眼光来考虑的视角，成为现代精神分析治疗的要素。

在笔者与作者朱莉娅·法布里丘斯女士接触的印象中，她属于温和的女性的一类，文雅而充满同情心，特长之一为儿童心理治疗，但她们在学术考证的态度上却非常严肃、犀利，切中要害。面对精神分析在近百年来遭到的批评和近20年来所遭受的冷遇，她们有着自己的思路和辩解：

（批评者们）……对精神分析师从精神上的不信任感。这特别涉及面对无助的病人时分析师的力量，是否会陷入到暗示性洗脑分析的危险中去。克鲁斯暗示道：分析治疗是招募和控制的一种形式。病人被制造得依赖，批评性的判断被解除，最终被允许进入一充满精华的、完全对精神分析热情而忠诚的圈子。克鲁斯很奇怪，精神分析师是如何知道"一个特定的表情是否应该引起注意，或是视其为抵御一种欲望或幻想的防御所形成的妥协 (1998: xxv)"。这似乎在表达一种绝望，即作为人类究竟能不能通过直觉去理解对方。按照克鲁斯的观点，多重决定论的概念是特别危险的，它给了精神分析的解释者们更加武断的资格，将病人的材料放入自己的绞肉机中研磨，"用随意选择的音调来演奏爵士乐"（出处同上），自由联想是一张分析师在任何适于他们理论的场合所玩的"疯狂的牌"。

精神分析师应该能注意到许多病人在接受精神分析前所关注的这些事项。毕竟，他们被要求进入一个在力量和责任方面有

译序二（第一版）

着本质上高度不对称性的关系，然而经历了不精确或不准确解释的无效僵局后，分析师和病人在很大程度上会明白，理论上的建议多过真实的危险。若将这些批评中所涉及的害怕引申出去，我们想问，当力量和知识不对称时，一些良性的、可供工作的人际关系还是否允许存在？！如此的悲观主义不仅仅否认了父母与孩子之间的最基本的关系，也会抹杀其他许多专业关系，如护理、医学，以及许多非专业关系。茵斯伍德（Hinshelwood，1997）最终解决了这一主题，他证明了精神分析是如何促使将开始就存在的"不平等性"嬗变的，当他或她矫正了对自体否认的、被错误归属的部分时，病人最终会获得新的独立性。

我们当然相信，这本《精神分析导论》也能够向我们展现英国女性精神分析师的睿智和独特性。它那带有文学色彩的描述传承了弗洛伊德的风格，但又带有女性特有的细腻，如在描述幼儿必须认识自己不能独占父亲或母亲的俄狄浦斯情结时，书中写道："当我凝视着生我养我的那两个人，看着他们能够各自独立、无须相互依赖地存在时，我也不得不面对这样的想法：即自己被自己无法控制的其他心灵所打量和思考（Britton，1989），在这个世界上，过去有、现在也有某些地方，我永远都无法占领。这些地方不仅仅存在于时空，而且也存在于其他人的私人精神空间，在这里我不可能成为其中一部分。完全承认这点，以及对全能的丧失的哀痛，有助于形成我自己内在的优势，从中我能反思我自己。我需要这个空间，才能够观察和反思自己和他人的现实，但如果我缺少这个空间，将极大地阻碍我思考和了解真实的世界。"这种描述方式不仅使我们加深了对分离的理解，同时也以第一人称走近了幼儿的内心，成为他们当中的一员。

原书于2004年4月在伦敦出版，承蒙法布里丘斯女士的信任，本人在当月就拿到了这本书，并立即将本书交给我的研究生们，希望他们能用一个月的时间完成翻译，准备作为献给2004年9月中国首届精神分析年会的礼物，同时，有法布里丘斯女士参加的北京安定医院持续了三年的精神分析培训也将告一段落，用此书作为一个注解具有意味深长的意义。待自己定睛一看，才知道自己为"导论"一词所蒙蔽。本书对精神分析历史及现今发展做了精辟而简要的阐述，其内容涉及了精神分析理论的基础、精神分析简史、不同文化背景下的精神分析、对精神分析的批评、精神分析与研究、咨询室外的精神分析、精神分析和心理治疗和职业化八个方面关于精神分析的重要问题。如果没有精神分析的基本知识、缺乏对精神分析理论和实践的深入理解，即便是对本书内容的字面意思的理解都将发生问题，这就不奇怪为什么我和曾奇峰决定要推迟出版、重新来看过和本书迟迟到年底才能出版的原因了。根据我和曾奇峰对《病人和精神分析师》的翻译工作的体会（持续了4年），我们认为，本书可以作为前一本书的补充，是一本中高级学员的教材，但作为具有女性细腻描述特征的作品，它当然也可视为一本很好的心理学的科普读物。

2004年9月1—3日，首届中国精神分析年会（中国心理咨询/心理治疗专业委员会）在上海举办，此时，由德中心理研究院与上海精神卫生中心共同承办的中国精神分析第二期连续培训项

译序二（第一版）

目也接近尾声，该项目与持续了三年、于2004年8月结束的北京安定医院主持的精神分析连续培训项目一起，自1997年以来，共培养出200名左右来自全国各地的具有精神分析基础知识、接受过超过50小时督导和平均4个小时的自我体验的专业人士，他们是来自综合医院的全科医生、精神科医生和来自高校及社会的心理服务人员。至此，精神分析在中国可以说真正走上了实践的道路，而非纸上谈兵，而后者正是所谓"精神分析"日薄西山的喧嚣的来源。200人与中国众多的精神问题和精神障碍者相比而言微不足道，50小时督导和4小时的自我体验比起国外动辄500个小时或1000小时的要求也相差甚远，但值得高兴的是我们已掌握了这一门"利器"，它的致用之时才是破除其迷信、神秘的面罩之时。

我们谨借此书献给对中国精神分析临床应用起了重要推动作用的北京安定医院、上海精神卫生中心、伦敦精神分析协会及德中心理研究院。

我们在此要感谢李晓驷、吴和鸣、徐沙贝、李孟潮、缪绍疆等同事耐心而专业的校对工作，感谢王海峰、李晓晴、周娟、熊亚敏、卢林、张宜宏、旃培艳、陈静等研究生卓有成效的原始翻译工作。

施琪嘉
2004年9月于上海精神卫生中心

目　录

中文第二版代序 ··· I
再版译者序 ··· V
推荐序（第一版） ··· IX
序　言（第一版） ··· XI
译序一（第一版） ··· XIII
译序二（第一版） ··· XVII

第一版前言 ··· 1
第二版前言 ··· 5
致　谢 ··· 7
第一章　什么是精神分析？ ····································· 9
第二章　精神分析理论基础 ····································· 33
第三章　精神分析简史 ··· 73
第四章　跨文化精神分析 ······································· 103
第五章　对精神分析的批判 ····································· 135
第六章　对精神分析的研究 ····································· 167

第七章　咨询室外的精神分析 ·· 199

第八章　精神分析和心理治疗 ·· 231

第九章　职业化：组织、交流和管理 ······································ 261

参考文献 ··· 279

第一版前言

什么是精神分析？这个问题没有一个简单的答案，因为它涉及一个复杂的、多层面的学科领域。精神分析除了令人感到好奇之外，也为许多不安、误解、偏见、甚至神秘感所围绕。本书言简意赅地介绍了精神分析的理论、实践、历史和应用，描述了当今精神分析职业的现况。

如何区分心理学、精神病学、心理治疗、精神分析这几个概念？词根"psych"来源于希腊语，它的意思是灵魂或精神，以区分与之相对的躯体。现在常指精神。**心理学**（Psychology）指的是对精神以及其功能所有方面的研究，包括对感知、记忆、思维及对如开车、操作机器等这样复杂的心理躯体技能的研究。几乎每一个人都会对自己或其他人的精神领域感兴趣，但严肃地讲，心理学是一门具有研究性质的学科，是科学的一个分支，对之的研究可达到某一学术水平，并不断超越自身至更精确的水平。学术心理学原则上包括对精神分析的研究，但实际上这仅仅是学院众多课程中很少的一部分。**临床心理学**（Clinical psychology）是心理学的一个分支，与帮助有心理障碍的人有关。

临床心理学家在取得心理学学位后必须接受进一步的培训。他们没有处方权，但他们可以对病人进行评估，并可以运用各种各样的方法进行心理治疗。

精神病学（Psychiatry）是医学的一个分支。所有的精神病学家都是医生，他们受过专业的培训，治疗有精神病的病人。精神病学家可以用药，也可用交谈式的心理治疗，或者两者兼而用之。**心理治疗**（Psychotherapy）是对交谈治疗的一个专用术语，临床心理学家、精神病学家、以及其他非以上背景的受过专业培训的心理治疗师均可以做心理治疗。例如，护士、社工、或其他可能接受过心理治疗专业培训的人。在第八章，我们将会介绍许多种类型的心理治疗，每一种心理治疗都需要特别的培训。**精神分析**（Psychoanalysis）是心理治疗的起源之一，也是心理治疗中最常用的形式之一。在它的各种形式中，精神分析曾经是心理治疗中的经典并以其高频而著称，如今它已经让位于较低频的其他形式**精神分析性心理治疗**实践。第二章，我们会深入地描述，精神分析不仅仅是心理治疗的形式之一，它更是关于精神领域的一整套理论体系以及观察和探究精神过程的一种手段。

以下将列出九章的内容简介。第一章我们从精神分析发生的场所开始，病人和其治疗师正处于精神分析的一个疗程的中间阶段。由此，我们将逐步扩展到其他的病人，我们将对临床中"精神分析中发生了什么？以及为什么会发生？"做一个综合性的概述；第二章我们将对精神分析理论做一个概述；第三章讲述精神分析的历史及渊源；第四章介绍精神分析在不同的文化土

第一版前言

壤中播种、发芽及壮大的情况；第五章转向有关于精神分析评论中的一些严肃的问题及其讨论；第六章再把目光转向精神分析研究中的一些复杂领域；第七章讲述精神分析在咨询室以外的应用；第八章从心理治疗的方式出发展现精神分析在各种心理治疗方式中的地位。最后，第九章，我们介绍了英国精神分析的培训、职业体系、以及相关的国内和国际框架。

我们已经意识到，精神分析是一种奇妙独特的、引人入胜的、令人注目的、困难的、对个体有帮助的、一分耕耘一分收获的领域。我们非常感谢带领我们入门的老师，同时也非常感谢那些在这条不断学习的漫漫长路中帮助过我们的老师和病人。在此我希望和大家分享这份激情。真诚地希望这本书能够回答一些大家感到困惑的问题，并激起大家继续阅读的兴趣。如果本书能够对那些以前没有接触到类似知识的人有所帮助，并激起其中一部分人的兴趣，那我们的目的就达到了。

第二版前言

自2004年本书第一次出版后，精神分析最值得注意的领域发生了微妙而显著的转变。这些转变包括精神分析与学术研究的关系，以及精神分析与国家服务部门所提供的心理治疗之间的关系。

虽然在一些地方仍能听到"精神分析死了"的诅咒，但从大学教学大纲可以看出精神分析理念在学术界仍然有着深远的传播与发展。

经历一个完整的精神分析治疗是一项庞大的工程，然而仍有许多人将其视为把握他们问题症结的最佳途径，从而去寻求精神分析治疗。同时，在强调实证与快捷的文化背景下，精神分析能够为短程治疗的成功提供理论基础，而短程治疗则是由国家健康服务系统发展并采纳的。

从业内来看，那些令人欣喜的精神分析研究的发展已浮现出来——基于精神分析的心理治疗效果至少能够等同于其他的心理治疗；实际上，那些长程心理治疗的研究结果也展示了治疗结束后的持续性效果。

专业机构为响应更高透明度的期望和治疗中更明确的标准，已经做出了相应的改变。

所有这些发展在此版中我们都进行了描述。

本书的基本结构和核心在很大程度上是保持不变的，以此来响应那些对第一版的积极反馈。我们也可以看到精神分析在英国建立的方式和它在全球不同文化背景下的发展模式。

致 谢

笔者衷心地感谢病人们的慷慨,他们同意我们在这里出版他们的分析片段。同时,我们也很小心,保证病人们不会被除他们自己以外的任何人识别出来。

我们也感谢以下在不同阶段提供过信息与理念的同僚(无论是第一版还是第二版):Anthony Bateman,David Bell,Catalina Bronstein,Donald Campbell,Anthony Cantle,Joshua Cohen,Catherine Crowther,Rachael Davenhill,Jenny Davids,Mary Donovan,Hella Ehlers,Stephen Grosz,Wojtek Hanbowski,Rael Meyerowitz,Rosine Perelberg,Daniel Pick,Joscelyn Richards,Margaret Rustin,Michael Rustin,Anne-Marie Sandler,Vic Sedlak,Naomi Segal,Emilia Steuerman,Jan Wiener 以及 Sally Weintrobe。相关的,那些花时间通篇阅读原稿各个章节并热心向我们提供帮助的朋友和同事有:David Crease,Elizabeth Piercy,Richard Rusbridger,Lynne Ridler-Wall,Max Sasim,Katy Thomson 以及 Sarah Thomson。

我们系列的编辑 Colin Feltham 最大程度地给我们提供了帮助与支持。我们也很感激 SAGE 团队在所有阶段提供的友好的专业性帮助。

第一章 什么是精神分析？

此刻，你是一只停在墙上享有特权的苍蝇。阿兰，55岁的男性，他与分析师的访谈已经进行了15分钟，他正在向分析师讲述自己的一个梦。以苍蝇的方式，你注意到了这种气氛，静谧而平和。尽管对你而言似乎什么也没有发生，但他们两人似乎都深深地沉浸在某些东西之中。阿兰看上去似乎正在和他自己交谈，而他的分析师正专注地聆听着。他正努力地搜寻着有关昨晚那个梦的全部细节，并把它们从掩盖物的下方拉回来。

> 阿兰说："我停在某个地方，那儿有很多扶手。"在描述扶手确切的形状和细节之前，他停顿了一下。"那儿有一个瘦瘦的男人，我推他翻过扶手。他对我说：当你的体重减少4英石和14英石时，你也能翻过去。""这便是我能记起的全部内容。"阿兰沉思了一会儿，然后谈到了"翻倒"。他认为"翻倒"的含义就是那个男人可能没站稳而翻倒了。他考虑到在梦里他是否推倒了那个男人。他认为那个男人正在以某种方式暗示他，当他的体重减少4英石和14英石时，他也可能失去平衡而翻倒。

当阿兰思考梦中不同的部分时，他任思绪跟随着那些他想到的念头、想象和回忆。他想到了他的减肥计划。他想不出他为什么会梦到4英石和14英石。虽然他不理解这部分的梦，但他对此并不感到困扰，日后可能会有什么东西浮现出来。也许是因为他的下一个目标体重是18英石，他陷入到沉思中。他想起学生时代的自己很瘦。尤其在运动方面，他想起了和他最激烈的一个竞争对手赛跑的情景。他也想起了一些那时发生的其他事情。他惊讶地笑了，说道，直到此刻他已经有30年没有想起这些事情了，但现在他注意到，这些记忆令他感到焦虑。

阿兰叙述这件事时，治疗师注意到当他开始思考自己可能对这个梦说点什么时，他感到他自己不得不非常小心地避免用很强的语气说出来，以免激起争斗。气氛微妙地变得几乎令人察觉不到地紧张起来。阿兰记得，与那个竞争对手的对抗，尤如一场殊死搏斗。他认为如果当时那件奇怪的事情没有发生的话，他完全有可能失去控制，杀死对手。当时，他像果冻一样瘫软了下来，接着站起来，慢慢地走开了。

当他细想自己还是一个瘦弱的年轻人时，所经历的对"失去控制和变得暴力"的强烈恐惧，他想起了，在他还是一个孩子时父亲因心肌梗死猝然离世。正如分析师所了解的，父亲的去世对阿兰来说是如此地具有创伤性，以致可以预测他作为孩子将会产生什么障碍。他形成了强迫性程序，包括反复地检查水龙头是否关掉了、晚上窗子是否锁好了，似乎在某种程度上，他相信，对于父亲的死亡他难辞其咎。

第一章　什么是精神分析？

　　阿兰突然停下来说道："顺便说一句，我昨天去看医生了，讨论停掉所有的药物。"他提醒他的分析师，目前他正在服用四种不同的药物，并告知分析师这些药物分别的作用：一种抗精神病药物、一种抗抑郁剂、一种ß-受体阻滞剂、一种降压药。他们谈到了这次去看全科医生的一些情况。阿兰既强调了他想停服所有药物的愿望，因为他在分析师的帮助下情况有了很大的改善，也强调了他知道自己需要非常小心地去做这件事。他知道有些人因突然停掉抗抑郁剂差点死掉，因为医生没有告诫他们突然停药是非常危险的。他与医生达成约定，以每两周减半的速度减药。分析师说："也许这有助于我们理解你梦中的4英石和14英石的含义。你很想健康并在你的分析中也表现得很好，你很想通过每14天减掉更多的药量，直到不需要服用这四种药也能保持健康。与此同时，你也很担心没有了这四种药物以及发胖的体形，你可能会失去平衡，而被迫去对抗并变得暴力。也许你会害怕对我——你瘦弱的分析师——也使用暴力。扶手使我想到咨询室外面，当你进来时可以看到的那些扶手。"

　　阿兰说："哦，对哦，我说我以前在哪儿见过这些扶手呢！但是我怎么知道我不会失去理智而冒犯你？就在刚才我想到了一些事情。"此时阿兰非常生气，"当分析师遭到媒体攻击时，他们完全不保护自己的做法使我火冒三丈。在听到对弗洛伊德和精神分析一次又一次的诋毁时，你们这伙人都做了些什么？什么也没做！"

　　当阿兰和分析师一起抽丝剥茧地分析这个梦中的每一个情景以及每一次谈话的含义时，我们停留在此处。这种分析类似于一步一步深入去体会一首诗的含义。通过分析阿兰再次感受到了起初令他生病的潜意识里的愿望和恐惧。在他同分析师的关系中，这些愿望和恐惧再次被激活，他也再次体验到了它们。无论这些内容多么令人感到恐惧和无所适从，他在分析师的帮助下去认识这些愿望及恐惧，而不是把它们禁锢在自己的潜意识之中。在分析师的帮助下他开始理解早年的创伤性事件对自己的影响，认识并理解因为这件事他成为了怎样的一个人，并开始感受到做回他自己的更大的自由，逐渐从谋杀自己所爱的人或向他们施暴这类想象所引起的恐惧的限制中摆脱出来。

谁是病人？

试图将精神分析直接应用于某个传统的诊断标签上几乎是不可能的。精神分析师在提供治疗之前都会认真地亲自进行评估，但他们是针对病人从事繁重的精神分析过程的动机和能力进行评估，而不是通常意义上的对某人的"疾病"或困境的严重程度进行诊断。然而，在某些情境中我们要相当谨慎，例如持续性的重度成瘾——思维被药物或酒精所淹没，在会谈中这种持续性会让治疗无法获得任何成效。对于精神分析师来说，并不适合治疗那些有严重精神障碍的人，这类人需要的往往是住院治疗，除非将精神分析作为一种特殊的附加安排用以支持某人的治疗。这种情况下，还需要有一名主管该病人的全科医生或精神科医生。

阿兰就诊的原因为广场恐怖、严重的摄食问题以及抑郁。

他患病多年，危机时接受过精神专科的治疗。如果你见到他，你会毫不怀疑地看出他久病在家并且体重超重，然而你也会钦佩他的智慧、才情、以及他在艺术领域的许多成就。只有他本人和他的家人才知道他所遭受的身体痛苦和精神上的折磨。

> 弗兰克，25岁的男性，已经进入青年成人期，但从情感上他感到完全不能适应有工作、责任和人际关系的世界。他接受过绘图设计师的培训，但却不能将自己的天分运用在商业上。绘图时，他感到自己是被迫陷入到设计中去的，感觉自己似乎要"被拉进去"。其能力低于正常水平，只能当一名办公室助理。他经常发现脑子被许多异彩斑斓的白日梦或者激烈的、反复出现的愤愤不平所占据。其他时间里，弗兰克被自己的惊恐或恐惧所淹没，不得不用大量的酒精来麻痹自己，使自己多少能干些事情。在男女关系中，他不顾一切地、以完全占有的方式纠缠女人，而这些女性则会抱怨他心不在焉。一旦到了该做出承诺的时候，这种关系就不可避免地产生问题。当他的朋友们成家立业时，他感到自己的生活正在螺旋式地下降，自己好像隔着一个透明玻璃在观望这个世界。

对于像弗兰克这样的人，精神分析可以提供一个安全的空间，在这个空间里受到"成为一个积极的、富有竞争力的和有着性需求的成年人"这一愿望的驱使而产生的防御、梦魇及恐惧都将被命名、面质和埋解。同时，还可以帮助弗兰克学会应对困难的、同时也是令人激动的成人生活。

> 纳西玛是一位16岁的女孩，来自一个联系紧密的家庭，在辍学半学期之后仍然无法返回学校。她非常害怕其他的女孩。她的父母对此很担心，带她到青少年中心寻求帮助。显然纳西玛正深陷于青春期的混乱之中，她害怕脑子里正在出现的东西。成为一个有性需求的成人的恐惧是如此强烈，以至于她需要让自己在时间上冻结、整天缠着她的妈妈，以维持自己像孩子一样的状态。在中心的初始访谈给了她能获得帮助的希望，之后她开始接受精神分析。

对纳西玛以及其他年轻人来说，青春期好像是一个令人难以忍受的阶段。一些想法和情感让年轻人感到彻底发疯和前途渺茫。精神分析提供了一种理解这些青春期想法和情感的方法。在许多案例中，精神分析是一种可以避免自杀或预防慢性精神疾病的方法。没有精神分析，像纳西玛一样的人将会在进入成人阶段时将自己和她的成人身份分离开来，而被迫生活在一个受限制的、恐怖的生活之中。她们爱的能力、天分及雄心壮志都会被埋没或浪费。

> 玛丽7岁时由其养父母送来寻求帮助，原因是玛丽经常出现无法预料的暴力发作、感情冲动及泛化的不安全感，她憎恶任何改变，做事不动脑筋。她的身体感知力似乎相当糟糕，经常撞到东西或摔倒。每当玛丽不高兴时，她会狠狠地打自己、抠自己的伤疤、撕自己的衣服，要不就揪自己的头发。她渴望朋友，却很难与朋友分享，她需要控制其他小朋友，并成为被其他小朋友关注的中心。受到挫

第一章 什么是精神分析？

折时，她会攻击其他小朋友；不生气时，玛丽对大人很友好，甚至对相对陌生的人，她也常常表现出不适当的过分的友好。她始终讨厌一个人独处，晚上分开睡几乎是不可能的，从而令每个家庭成员都感到寝食难安。

玛丽四岁半时被人收养。她的生母有着苦难的童年，并且是一名吸毒者。小玛丽一岁之前，其母亲在精神病院待了六个月。这段时间内，玛丽在一些亲戚与母亲的朋友之间被转来转去，没有一个固定而持续的照料者。这是玛丽遭受的诸多分离中的第一次。母亲出院后不久，出于对其照料能力的担心，健康随访员（health visitor）将玛丽转到社会福利部门。那时，社会福利随访员对玛丽的担心有很多原因：其一是母亲的男朋友可能有暴力倾向。他可能没有真的对玛丽动手，不过他可能经常当着玛丽的面殴打其母亲。在初始转介之后不久，玛丽被送到了紧急护理中心，在她3岁以前，一直接受保育员的照顾。18个月后，她被转到了收养家庭。养父母稳定而耐心的照顾使她安定了一些，但是她的痛苦和令人担忧的行为依旧，这导致玛丽与其养父母以及整个家庭的关系越来越紧张。

第一次见到玛丽，治疗师看到的是一个眼中有着深深阴霾的小女孩，她以一种相当空洞的方式不停地说话，经常叹气。在第一次访谈快结束的时候，玛丽问治疗师她是否可以下次穿同样的衣服。在第二次访谈时玛丽描述了自己的担忧，她忘记了治疗师的模样。玛丽被安排了一周5次的高频率治疗。

因此，在回答"谁是病人？"这个问题时，我们发现它涵盖了涉及不同人群的广泛范围：儿童、青少年、年轻人、老人。他们是那些知道自己需要帮助的人，是那些有必要接受相当长治疗过程的人，是能够思考并反馈的人。在儿童病人的案例中，孩子的照顾者要能够在一段较长的时间内陪伴孩子进行持续性的访谈，以保证能够完成分析。这些孩子的内在世界干扰了他们自身的发展，同时抑制了他们充分融入并享受外在的世界：他们的创作、玩耍、获得爱的能力都遭到了严重的损害。在这整个范畴内有些人病得很重，另一些人则相对较轻。

什么是精神分析？

精神分析的设置旨在允许分析师和病人双方聚焦于病人的内在世界，而将外在干扰降到最低。病人按照预先安排的、有规律的周期来到分析师的咨询室，按照相同的时长进行访谈（传统都是50分钟）。没有电话或其他干扰；设置是安全、可预见以及前后一致的。熟悉化学的读者会发现这非常像"受控环境"，在这种环境下通过控制温度、压力、pH值以及确保周围没有被污染的化学物质，你可以检查试管中的化学物质之间的反应。

分析态度（analytic stance）包括尊重和警醒的关注，但最重要的是无侵入性。尽管分析师的人格必然会在许多方面对分析产生影响，但是他（或她）的目标是尽可能地停留在背景中而让病人处于最显著的位置。所以分析师应避免穿着很花哨或具有挑逗性的衣服、向病人灌输政治观点或谈论自己，还应避免日常的社会性寒暄。我们都非常习惯于面对那些使我们放松的人，而且十分信任他们的友好，所以当来访者最初接触分析师时会觉得出乎意料，甚至觉得这有些粗鲁和无理。通常我们对陌生人所做的社会性寒暄，是在解除他们的怀疑，使他们喜欢和信任我们。被人喜欢的感觉是很舒服的，不过分析师不是来享受舒服这种感觉的，而是为了发觉病人最深的情感和焦虑，从而理解和帮助病人。第八章就这一观点将精神分析和其他更为常规的支持性治疗做了比较。

在成人分析中，运用**躺椅**（couch）是一种习惯，病人躺在躺椅上，分析师坐在后面。大多数关于分析师的漫画令人对其产生误解。事实上，分析师完全不在（病人的）视线范围内，他们绝少用笔记本和笔，因为记录会干扰他们正确地聆听和投入。合理使用躺椅的意义在于，让分析师和病人从坐着的状态及由于观察另一个人的反应和表情而导致的抑制和注意力的分散中摆脱出来。躺着还能使病人放松其防御，使分析师更容易接触到他们的内在世界和孩子般的情感。要求病人简单地说出所有出现在他们脑海中的想法，说出他们的念头、感受、想象，不要压抑或试图使它们看起来合理，这就是**自由联想**（free association），但实际上做到这样很难。一个人在遇到那些无关的或令人感到尴尬的事情时，很快会对之加以抵抗，并通过压抑和改变来违背规则；有时病人脑子里会呈现一片空白。这些反应本身就很重要，病人要勇于说出这些。对自由联想的**阻抗**（resistances）与相对未被压抑的精神内容具有同样的治疗价值。

在儿童的分析中，游戏代替了自由联想，孩子和分析师进行游戏互动，偶尔他/她若愿意，也可以使用躺椅。通过孩子的游戏，有时也通过孩子无法游戏（的行为），潜意识的内在世界就会生动地呈现在咨询室中，呈现在分析师面前。

全分析（full analysis）一周有4～5次晤谈，除非对这一行业的本质加以理解，否则你一定会对此感到吃惊。精神分析涉及情感方面的"学习"，改变已形成多年的深层次意识结构，这种结构是在与重要他人经年累月的相处中形成的。当最隐秘的激情和最惊恐的噩梦出现时，已经熟悉和信任的设置也可能需要调整。许多人只有在与下次访谈间隔足够短暂时才会真正暴露出自己脆弱的一面。不论是病人还是分析师，周一和周五的访谈常倾向于更"封闭"，很难进行，但这却是探究分离导致破坏性情感的好时机。除非有特别的外在原因，否则分析过程的长度并不事先设定。倘若允许分析自然发展，则一个分析通常会持续数年，而非数月。通常分析师和病人要在一年前或更早就对结束的时间达成一致，因为结束是一个需要被修通的重要步骤。

按惯例，在英国我们用术语"**精神分析式心理治疗（psychoanalytic psychotherapy）**"来描述每周三次或更少频次的治疗（精神分析和精神分析式心理治疗之间的关系会在第八章进一步讨论）。一周一次或两次的病人可能不必要用躺椅，尽管许多人也在使用。什么是或什么不是"真正的分析"可能会导致没完没了而毫无结果的争论。有少部分病人能显著利用每周一次的治疗，和治疗师一起进入到一个很深的、富有成效的分析进程中，每周做 4 次或 5 次治疗很多年后仍然远远停留在回避的位置上，不为他们的治疗师所动，这样的病人也有。当病人来寻求帮助时，很重要的就是评估生活中他在哪些特定的时期能处理和运用什么。但是，笔者仍要保守地说一句，在他们的经历中分析频次所带来的差异是非常显著的。与大多数病人开展工作，都是强度越高，深入就会越快，工作也会越有成效。

定义是为我们提供一个讨论和学习的基准。当我们谈到作为一种探索手段的精神分析所带来的发现时，很重要的就是，我们知道精神分析是什么，精确的参数有哪些。高强度的全分析常常是新发现的温床，它可以为从事较低强度治疗的同事的工作提供信息。

精神分析过程

回到治疗过程本身，最初针对自由联想的阻抗的一个重要来源，是病人对分析师本人的自发的想法。你很喜欢他的衣服，他有着令人难以置信的性感嗓音，他在候诊室内的图画毫无生机、太过花哨。你还记得当你第一次在电话中对他说话时，你是多么想知道他是否感到困惑等。这些都绝对不会是你要对一个陌生人讲的内容。只有在他告诉了你一些关于他的事情，你熟悉他，以及你坚信他喜欢你时说这些才会变得正常。你有一种感觉即他可能感到受伤以及受到冒犯，然后会不动声色地在以后的相处中对你习难或报复。或者你担心他会奉承或诱惑你，让情况失去控制。

这些想法和担心是对分析师以及整个分析情景的即时**移情**（transference）的一部分，它提供了一个宝贵的机会以使分析师洞察病人看待事物和与人产生联系的独特方式。移情与分析师的外貌、品位和人格的实际表象并不易找到相关，但这常可以引发病人的很多错误解释。在成人分析中，运用躺椅使分析师在视线之外这种方式促进了移情的发展。病人基于其人格和以前的生活经历对治疗关系的特别期望会很快出现。缺乏有关分析师的真实信息，先入为主的偏见会凸现，形成一幅图画。在咨询室以外，我们对每一个遇到的人会产生惯有移情，而这些惯性移情会被我们遇到的人的反应所纠正，这些反应会告诉我们自己的预期正确与否。分析性的设置具有独一无二的孵化性，旨在将移情加以集中、观察和理解，而非将其修正和消除。分析师的位置和作用意味着她或他能很快地、很容易地被授以父亲或母亲般的移情。我们可以在其他情景下看到活生生的例子，如对教师、上司以及医生的移情。

分析师的工作就是做一个有参与性的**观察者**（participant observer），倾听病人，同时也要努力听出话外音，听出那些被病人暗示或被隐没的内容。我们发现自由联想或（孩子）在咨询室内的游戏会揭示病人脑海中他们并不知道的十分骇人的模式和联系，我们的工作充满了**潜意识交流**（unconscious communication）。人们身上也有许多只有其他人才能看见的东西。分析师除了帮助我们没有别的企图，他们能够使我们看到那些我们最好的朋友知道但永远不会告诉我们的一些东西。

分析师不会、也不可能维持在一个中性的观察者的位置。他/她必须真正理解病人所说的内容，他们可能会受到影响，被牵入其中，所以他们需要不断地努力观察和思考。自我观察对分析师来说非常重要，它可以检验病人真正的情感效应，看自己是否治疗快点结束，是否能更好地理解病人与他人的联系方式，分析师的这种经历被称为**反移情**（countertransference）。以下的两个例子有助于观察移情和反移情之间微妙的互动。

> 当分析师通知病人道格，分析治疗要暂停一周时，道格非常生气地指责分析师。分析师感到十分内疚，有想为自己辩解的冲动，不过她仍有防备。分析师能够感到，道格针对她个人发火的程度和性质远远超过了分析中的真实情况。她必须将这种体验加以抱持，而非马上去驱除它，以使其凸现和被感受到。

在这种情况下，分析师既不需要向前上升到道德的高度，也不需要很快地往后退到道歉和解释之中（这些都是最容易发生的事情），而是应该想一想："为什么会这样？""为什么会是现在？""对我而言这像什么？""此刻若作为道格感觉是什么？"分析师基于她对道格的了解、基于目前所处的情形，试着将她与道格在精神上进行了认同。她可能会猜想："我作为道格与之交谈并做出反应的那个人，是其内在影像中的谁？是不假思考地把他丢在一边从不去理解他合理抱怨的父亲吗？或者，此刻我是使他意识到自己不是世界的中心，从而激怒他的某个人？再或者像我们夫妇去度假'中断咨询的原因'，而我又当着他的面炫耀我的伴侣和我们之间的恩爱而这让他愤怒？"如果她能准确地指出道格的想象和感受、以及正在发生什么，并告诉道格为什么会这样，向他做出解释，她可能会引起道格对自己抑郁和愤怒反应的兴趣和好奇，解除他的一些痛苦，并使道格获得新的理解。当治疗师做这些事情的时候需要非常小心，而不要显得有防御，或显得很聪明，或者让道格感到，治疗师似乎正在竭力地逃避对他造成痛苦的责任，以及不承认治疗中断会导致他的痛苦。

因此，分析师要努力抓住她自己以及病人的这种痛苦，并努力去理解和呈现它，而不是防御性地将之推回去，或通过道歉和解释使自己尽快放松。如果那样做，分析师会使分析情景中必要的张力松懈掉，使得反应更像一个人在日常社会环境中所经历的那样。专业做法有时的确让人感到不舒服，但却常常能富有成效地牢牢保持张力、呈现病人的感受及待人的方式，同时找到与病人去谈论它们的有效方式，这个过程被称为"**容纳（containment）**"。让病人对此进行思考，而分析师进行连接的过程，是"**解释（interpretation）**"的一种示例。分析师的解释，旨在挖掘病人的潜意识或病人行为的潜在含义。他们检查当时病人正在使用的防御，并将过去和现在加以联系。**移情解释（transference interpretation）**关注咨询室内分析师和病人之间的活生生的体验，其优势是呈现了"**此时此地（here and now）**"，它们有时是关系中情感性的"热点"和最直接的东西。对道格另一次访谈的近距离观察显示出了所有这些"热点"。

在分析师宣布她将要中断一次治疗的随后一次访谈中，道格迟到了，他对迟到的解释非常合理，但同时在他的行为举止中有些许闹别扭的冷淡，暗示："看看，如果我迟到，你有什么感受？"分析师意识到了这些，但却没有发表任何意见。

沉默中道格叹了一口气，在躺椅上翻了一下身，汇报了他工作中的一个情况，即他的女上司再次批准了两个大项目，这使得整个小组十分气馁。他的小组全力地做着原来的项目，正当他们有可能得到这笔大订单时，她却撤出了支持和资源，突然中止了对他们的资助。分析师知道，道格非常在意这个项目，这对他相当重要，是一个显示他能力的机会。道格继续说着，听起来很恼火，但同时也十分无助，就像个不能左右环境的孩子一样。他谈了工作情况的细节、小组无助的愤怒、顾客的抱怨，以及当他告诉顾客这个推迟他不能控制时所感到的耻辱。听着他的沮丧和抱怨，分析师开始意识到道格对他上司的幻想：一个强有力的女人，正在秘密地捞取她个人的利益，甚至暗示，她与其他的顾客有暧昧关系，这个关系是她改换项目的根本原因。

道格详尽地讲着，对分析师此时的观点一点都不感兴趣，也不留给分析师讲话的余地，半个小时过去了。分析师虽然沉默，但仍努力地工作着，辨别道格在工作中所受的伤害、愤怒和屈辱。她确信，此时他对她也有类似的感受。迟到，以及对她所说的不感兴趣并不像道格。她必须避免为自己辩护；她希望能告诉他，她也不想离开一周。她发现自己想知道，当道格还是小孩时，父亲离家而去，母亲为了保护自己不陷入悲伤而不断地去寻找风流韵事，常把他留给她的姐姐照顾，这对道格来说意味着什么？

她找了一个道格停下来思考的时候说道，她认为他想让她知道今天他对她是如何的失望和生气，一周的中断对他完全是个意外。道格没有心情听她说这些，并抗议道："哦，你总是认为一切都是关于你，不是吗？"她提示道，自己盛气凌人的决定使他感到羞辱，仿佛他不重要，仿佛分析师没有认识到所有在分析中正在发生的事情对道格是多么的重要。道格专注地听着。分析师继续说道，她感觉道格把她体验成一个母亲的形象，当有一个有趣的男人出现的时候就对儿子不感兴趣了。

道格出奇的平静，以一种更柔和反思性的声音说道："有趣！昨天我离开这里时看到你房子外面的街上站着一个男人。我以前没见过他，我有一闪而过的想法，即他在进来之前正等着看我离开。"他继续告诉分析师他与女朋友之间的困难，当他们外出时，如果女友与其他的男人搭话，他就会感到十分的受伤和屈辱。上周末，他们大吵了一架，他指责她总是关注自己，醉心于获得全部的注意。他想知道，这是否属于同样的内容，是不是他造成了事实上的这些困境。咨询出现了一段很长时间的沉默，快结束时，道格安静并令人动容地说道："我真希望爸爸仍在身边，那样我就能在遇到事情时不必总盯着妈妈，一直关注她的穿着打扮。"

在达到顿悟（insight）的过程中，过去的困惑、伤害、耻辱的体验使得道格正在以破坏性的方式行事；然而同时病人也获得了一种新的经验：有一个人真正了解他的痛苦并能承受他的愤

第一章 什么是精神分析？

怒，这个人理解他，即便是在最艰难也是最关键的时刻仍会尝试继续努力地去理解和帮助他。在他的精神世界中，这为其内在表象增添了一个新形象。与旧的那个完全陷入对其丈夫的想法，而不关心这对儿子会造成什么样的伤害的母性形象有所不同；现在，所获得的这个母性形象虽然有着自己的生活，但同时也会关注这对她的儿子的影响。

下面这个例子显示了移情、反移情、节制、解释之间的互动：

> 凯瑟琳在童年时经历了很严重的丧失和虐待，包括一些性虐待。作为一个年轻人，她的问题被一个"帮助"她的治疗师，通过性虐待弄得更为复杂。
>
> 周期性的完全绝望是她在分析中表现出的主要特征。绝望中，凯瑟琳静静地躺着，不说话，这传递着一种危殆的情绪，即必须要做点什么，因为她已经不能为自己做任何事情了。由于缺乏来自凯瑟琳的任何联想，使我们无法理解她的这种可怕体验，在这种情况下分析师感到无能和挫败。
>
> 在一次深入分析的访谈中，凯瑟琳生动地谈到，她母亲在陷入痛苦却还要为她做饭时，会抱怨并把凯瑟琳给关起来。访谈中，凯瑟琳和分析师又一次回顾了（以前的）治疗师为什么会虐待她。以前，凯瑟琳不是产生无法忍受的内疚感，就是特别地恨治疗师，并陷入暴怒。现在，分析师利用自己面对凯瑟琳绝望时经常出现的无助感的体验，推测到，也许以前的治疗师已经发现凯瑟琳的伤害、痛苦、无助，这些感受常常让人难以忍受，那位咨询师觉得他必须

不惜一切代价找到一些特殊的、能够解决其痛苦的方法，这也许在某一方面类似于她妈妈对她的喂养方式。访谈依据对这一想法的进一步探索继续进行着。

在此后不久的一次访谈中，凯瑟琳再一次陷入深深的抑郁之中，不能提供给分析师任何可以帮助她的内容。分析师体验到一种几乎不能忍受的内疚感，即无法给陷入极度痛苦中的病人提供任何帮助。分析师保持了作为分析师的角色，倾听、思考，并尝试去理解。在访谈快结束的时候，凯瑟琳尖刻地对分析师说道："我猜你没有什么神奇的办法来帮助我。"分析师回答道，令凯瑟琳感到可怕的是，她感到分析师没有能力缓解她的绝望。当她感到很糟糕时，她对分析师不采取行动感到愤怒，她极力想要缓解自己的悲伤，不惜使用激烈或具有破坏性的方法。然而，根据前几天他们讨论的线索，分析师认为，由于自己已经能够忍受凯瑟琳的痛苦状况，因而凯瑟琳的痛苦一定部分地得到了缓解，而这并不需要依赖什么"神奇"的方法。

第二天，凯瑟琳回来了，带着沉思，抑郁有所缓解。她说，她对分析师所说的内容想了很多。她一直觉得，面对像她这样的人，分析师可能会感到痛苦和无助。分析师向凯瑟琳指出，以前，凯瑟琳想象分析师就是坐在那儿，不为任何事所动，因为分析师没有做任何事情；而如果分析师不采取什么行动，那么他就不能感受凯瑟琳的痛苦；凯瑟琳感到做出行动和完全无动于衷的两者之间没有任何过渡。凯瑟琳以惊讶的声音说，对呀。

在这个用了较长时间来报告的例子中，分析师用了不同的方式与病人交谈。在谈到治疗师对她的虐待时，他们一起想到了一种理解其行为的新的方式，这是分析中很有帮助的一部分；这不是移情解释，而是利用分析师与之对抗的、在很多次访谈中出现的反移情。几天后，当他们回到那熟悉的、令人无法忍受的体验的最高峰时，移情解释将重点放在了在较早的访谈中形成的假设。这次的移情解释使凯瑟琳将一切事情联系了起来，并体验到了改变。她回头讲到她和分析师——作为一个新的客体，在一起获得的全新体验。这个新的客体，即分析师在超常的压力下关闭了自己的痛苦，保持思考并努力地提供一种具有建设性的帮助。

精神分析性的关系表面上看起来似乎是一种人为的联系。事实上它包含了人类任何亲密关系中的所有情结和激情。它的一个不同寻常的特征就是分析师的节制，他/她要始终努力去思考而不是立刻对病人做出反应。虽然这在理论上是完全有可能的，但实际上，分析师很容易在不觉知的情形下不自主地、很快地做出反应，以满足病人的愿望或想法。于是，病人习惯的关系模式会以诸多微小的方式**上演**（enacted）。这并非我们所指的分析师的见诸行动，包括未遵守保密条约或不适当的界限侵犯，像凯瑟琳的第一个治疗师那样。在此，我们并不能过于强调这一点，然而分析师要想从病人的潜意识痕迹中找到应对之法，微小的反应是不可避免的。

马克的生活黏滞、狭隘，因可能获得一份新工作而感到欣喜若狂。分析师为此感到高兴，因为双方的关系总算有了发展。可接下

> 来的日子马克又退回到被动状态中，含糊地提起他可能忘记打电话获取工作申请表，或将申请表给弄丢了。分析师感到十分失望、不安，想给马克一些刺激，让他有所作为。分析师注意到，她对他的不作为做了一些听起来有点霸道的评论，她越是主动，马克就越被动，且始终努力地回避分析师给予的刺激。尽管分析师努力地保持思考，容忍马克，但有好几次，分析师感到自己的声音非常刺耳。作为回应，马克声音中混合着温顺和一丝嘲弄，这就开始有点儿类似于马克和权威爸爸彼此之间施虐和受虐的方式。

分析师需要找到对于这种情形的一种自我觉察的方式。她必须跳出她自身的情感和冲动，才能观察总体的情形。只有这样，分析师才能做出一个能让马克产生好奇的解释，传递对他所处困境的理解，并使其获得一个发生改变的机会，而非继续重复一直以来的模式。

在分析过程中，分析师更倾向于不与强烈的愿望和情感做真实的联接，而仅做出理智性的联系，但理智性的联系并不总是有效。

> 贝思聪明地意识到她之所以总是顺从老年男性、丧失她清晰的思考立场，是因为其父亲喜欢证明他比女性聪明，而她不忍去羞辱他。许多次，每当贝思顺从其分析师的时候，分析师就会向她指出她所正在做的，于是贝思开始识别这种模式。看上去，分析师似乎对她的模式感兴趣，但并非如此，他是对为什么会这样提出疑问，他提示贝思他并不是她最初认为的脆弱的父亲形象。她开始显示出

具有个性的、敏锐的理解力；贝思发现分析师根本就不贬低她，或者与之敌对，而是平等地对她进行鼓励。在她脑海中的父亲依然脆弱，但他开始不再遮蔽她的视线；父亲仅仅变回他自己，而不是男性的模板。

不久后，贝思谈到，当她回家探亲时，对于父亲的脆弱，她时而感到温柔，时而感到恼火，但不再受限于父亲的压制了。她也发现自己以更深的方式理解了父亲，发现他也不是她所想象的那么难以忍受。她对他的印象曾经是狭隘的、讽刺画式的；他们之间的关系曾经因重复、刻板的互动而令人感到窒息。她以往的自我辩解以及与父亲所进行的耗时的内在交流消失了，它们终止了对她生活的侵犯，她的世界变得更大、更自由了。

到目前为止，本书已经呈现了分析可以发挥作用的多种方式。我们已经谈到了**容纳**（containment）及体验并内化一个新的形象的重要性。尽管最开始的时候病人会觉得有些勉强，但是他们确实也需要去面对那些之前被他们否认的自身的情感和想法，去面对那些自身人格中他们不太愿意去接纳的部分。通过否认自己不想要的特征，其完整的人格发展也便受到阻遏。例如，纳西玛存在着对青春期性欲发展的恐惧以及成为一个有性欲的人的害怕。她变得无法控制的混乱，全面的发育受阻且滞后，这意味着她根本不能发展出任何作为成人的性的身份。在分析中她渐渐能够重获其性的感觉和幻想，并在与分析师的移情关系中重新体验了它们。治疗帮助她理解自己的恐惧，并重新开始青春期的发展进程。这一次，我们认为，她不再会被不可能的、被禁止的性的欲望所淹没。

精神分析可以有助于减轻弗洛伊德所说的**强迫性重复**（the compulsion to repeat）。这种潜意识的倾向会使我们再次重温以前已经导致过痛苦的情景，尽管意识中的想法是下一次要做得完全不同。在我们第一个例子中探究自己梦的那个病人，阿兰，他对自己生活的限制来自于对自己具有谋杀性暴力的潜意识的恐惧反应。然而，他发现自己有长期受到轻视的感觉，不得不以暴力，即以最糟糕的一面和最害怕的情景来做出反应。另一个案例，压抑的行为能保护纳西玛免于淫乱，她试着进步，试着每次自己坐车来就诊，而非让母亲开车送她来，但在她第一次尝试时，她发现自己偶然坐进了一辆小车，那辆车里已经有一个陌生男人，实际上他正在等候其他人，她还"以为"那是等她的车。

通过分析性体验，阿兰和纳西玛都开始认识到，他们所营造的外在情景方式旨在能够实施和建立在发展自身与他人关系时的内在观念。一旦这些方式通过与分析师的关系互动得以认识和理解后，逐渐地他们就能看到那些不断重演着的负性生活事件，由此他们就可能逐渐以不同的、更多样的建设性方式与他人建立关系。

内在关系再造并扭曲了我们日常生活中的关系。如贝思坚信，所有男性都是脆弱的，应该对之顺从，就像她与其男性分析师所发展的关系那样，分析师成为她童年时期父亲内在形象的外化。通过对这种看似偶然发生、实则表现鲜活的内在图像的分析性解释，改变就会出现，它可以被描述为按照新的信息对内在世界的现实检验及修正。

仅仅是通过为受到抑制的发展提供一个安全和持续的设置，改变就会出现。分析性态度就是设置之一，它是一种非道德性的、非评判性的态度，它随着时间的积累、通过解释被病人内化。它往往修正或替代那些前来治疗的病人所具有的苛刻的评判、嘲讽和目空一切的**超我(superego)**。例如，经过一段时间后，阿兰开始理解了他呈现出来的针对分析师、其他人但同时也是他本身所表现出的带有蔑视的攻击性和专横的行为。他能够看到，自己对其早年的创伤性丧失、分离是如何反应的：他充满了恐惧、自我保护的无所不能，以及他希望能够抓住自己所爱的人、能够迫使他们留在自己身边的攻击性。认识到此，以及体验到分析师对此的理解（尽管他攻击了治疗师），意味着他能更多地理解自己，并减弱了其对粗暴的行为方式的需要。换句话说，他已经内化了一个更有支持性、理解性和充满鼓励的意识形象，新形象代替旧形象指导其行为。

读了以上的例子，看起来似乎只要病人获得了顿悟，治疗就完成了。事实上，还有一个很长的被称为"**修通(working through)**"的过程。精神分析要持续数年而非数月。在情感和理智理解之后，旧有的阻抗在强迫性重复的推动下会再次出现。旧有的情景，会在一个不同的设置或者以一个不同的面貌进入分析回合中，就好像之前从未被工作过一样。修通需要病人理解当前情景有什么样的含义，并且意识到这一情景只是已经理解了的内容的另外一种版本。逐渐地，病人开始认清自己，并开始以不同的方式感受和体验。

修通活动与精神分析中的一个核心概念，即**哀伤**（mourning）紧密相连。哀伤和修通两者都涉及对丧失或理想化客体的爱的放弃。两者都涉及心灵的工作和痛苦，都需要花时间来处理。分析涉及对以往希望但无法实现的自我观点和关系模式的摈弃。旧的状态被哀悼，病人从而能够自由地获得新的起点。我们也要认识到，我们不可能变成一个完全不同的人，然而通过分析，我们可以成为更深刻、更完整的自己。

　　痛苦是人生境遇的一部分，人类发展中所遇到的丧失、冲突、失败与成功一样多。但是对那些痛苦占了主导地位、内在冲突阻碍了发展、不断重复失败的病人来说，精神分析可以修正破坏性的模式，为其掌握控制权提供了更大的可能性。正如弗洛伊德被问到以下的问题时所说的，如果问题与本身不能被改变的早年经历有关，那么精神分析又如何能有帮助呢？"如果我们能够成功地将癔症性的悲伤转变为正常的难过，就很有帮助。拥有一个从扭曲转向健康的精神世界，你就能更好地对抗不幸。"（Breur & Freud，1895: 305）。

　　在本章，我们试着展现什么是精神分析、它是如何工作的、它能帮助哪些人群。由于我们的目标是抛砖引玉，所以并没有给出诸多理论和思想的参考来源。另外一些有用的可供读者参考的入门课本是贝特曼（Bateman）和霍姆斯（Holmes，1995）、桑德勒等（Sandler et al. 1992）以及巴德（Budd）和拉斯布里杰（Rusbridger，2005）的著作。在下一章中，我们将描述一些精神分析的主要理论的核心思想，它将告诉并引导我们如何工作。

第二章 精神分析理论基础

精神分析是心理学的一个分支,它特别关注主观体验。精神分析包括三个方面:第一,它是一种关于心理的知识体系,这一心理的知识体系,部分是通过上一章所描述的工作而被揭示出来的,部分是通过研究普通的人类现象如梦、失误(例如口误)和玩笑而被发现的;第二,"精神分析"这个词是指一种研究心理的方法;第三,它是指一种心理治疗的形式。

精神分析更倾向于采用心理是**动力性的**(dynamic)而不是静力性的观点,来看待运动、能量,尤其是内在精神生活中的**冲突**(conflict)。比如,一个人可能想做一些他的良心不允许做的事情,或因为对同一个人既爱又恨而摇摆不定。他也许想知道真相,但同时又害怕并且不愿意找出真相。

精神分析理论的核心观念为:我们大多数的精神生活是**潜意识的**(unconscious)。潜意识的思想、情感和愿望构成了心理的基础,而意识层面的经验只是冰山一角。潜意识过程不能直接通过解说而被知晓,只能通过它们的作用被推断出来,就如同重力是强有力的,但却是看不见的。

精神分析理论提供了一种**发展的**（developmental）观点。虽然庞大的精神分析体系中有一些理论相互重叠，有时还相互矛盾，但它关于发展的理论，都强调早年关系对一个人心理结构形成所起的作用。早年经验和先天禀赋的相互作用决定了心理结构形成的方式。正常的发展包含：逐渐获得清晰而稳定的自我意识，以及逐渐获得作为一个独立且独特的个体同外界发生关系的能力。精神分析师们认为，人的终身成长过程是完成对早期生活及幻想的成功哀悼，并同时逐渐获得对自我和世界越来越确定和现实的认识。

本章将介绍有关内在心理世界的精神分析概念。我们将讨论日常生活中的无意识过程、冲突和防御；以及如何通过研究梦和精神症状，来阐明心理的潜意识作用。最后我们将讨论精神分析师用于理解发展过程的各种方法。

有关"内在世界"的精神分析观点

毫无疑问，弗洛伊德第一个指出了心理的无意识特征。我们对自己的无知常常被诗意般地表达出来，就像17世纪帕斯卡尔的"心有因，而因未知为何物"。弗洛伊德从他的病人那里发现，"心因"可能是隐藏于意识之后的冲突、恐惧或匮乏。

弗洛伊德的精神模式

弗洛伊德对人们如何处理他们内在的感觉、性欲和攻击性尤为感兴趣,他把这些视作一种驱力,当人们从不择手段追求快乐的小生命成长为文明而成熟的成年人时,这种驱力受到引导和控制。弗洛伊德最早的关于精神结构与功能的概念被称为"**拓扑模型**(topgraphical model)"(Freud,1900)。在这个模式中,**意识**(conscious)被视为冰山一角,而**潜意识**(unconscious)被视为原始愿望和冲动的"存储仓库",在意识和潜意识之间,则是**前意识**(preconscious)区域或前意识功能,有用的、意识可接受的愿望和冲动在这里被选择、加工,然后被释放到意识层面。

尽管心理定位模型仍然有用,但弗洛伊德后来又发展了一种更复杂、更灵活的**结构模型**(structural model)(Freud,1923),即心理包括本我、自我和超我三种成分。当然,这些并不是有形的实体与区域,而是一种心理功能概念化的方式。**本我**(id)包含原始的、以躯体为基础的愿望和冲动,它们趋向于得到满足;**超我**(superego)代表道德的要求和限制,这些道德要求和限制不仅仅来自他人如父母,也来自于个体对重要他人本能的爱,来自于保护重要他人不被自己残忍一面伤害的愿望;**自我**(ego)则是心理关于适应的执行部分;当内在冲突发生时,自我在调动多种**防御机制**(defence mechanisms)面对外在现实的过程中,在本我与超我之间居中调停。本我和超我属于潜意识,而大部分自我功能也是如此。桑德勒(1997)等人(见 Quinodoz,2005;Perelberg,2005)详细地阐明了弗洛伊德这些理论模型的演进。

症状形成

弗洛伊德的病人带着各种各样的神经症症状来寻求他的帮助。他逐渐明白，这些症状都是愿望与防御之间的潜意识妥协。或者换句话说，运用他的结构模型，是本我指令和超我指令之间的妥协。他的一个早期病例可以说明这个问题（Breuer & Freud，1895）。

> ### 伊丽莎白
>
> 年轻、未婚的伊丽莎白是她家庭中的顶梁柱。她因非器质性的大腿疼痛和行走困难而前来求助于弗洛伊德。她因为要照顾她深爱的父亲（后来很快就去世了）而放弃了一段可能的爱情，症状最初出现于此时。后来，她开始表现出"躯体残疾"。一天，她单独与其姐夫愉快地散步后，症状加重了；而当她的姐姐（她意识中很忠于她的姐姐）因怀孕去世后，症状进一步恶化。她的症状在家庭中引起了许多焦虑。当弗洛伊德用电刺激伊丽莎白疼痛的肌肉时，他注意到她从这种不适中得到一种不寻常的解脱（在早期的前分析年代，弗洛伊德仍使用一些物理治疗）。
>
> 当弗洛伊德完全转向心理研究时，他鼓励伊丽莎白自由地去联想近几年、特别是她的疼痛恶化时所发生的事件与感受。她起初强烈予以否认的联接开始出现，之后她开始接受恐惧，最终恐惧被她自己缓解。伊丽莎白曾经试图全面掩藏她对姐夫的感情和对姐姐的嫉妒。总而言之，她似乎忘记了当她第一眼看到姐姐的遗体时，她一闪而过的念头："现在他是自由的，我能成为他的妻子了。"

第二章 精神分析理论基础

伊丽莎白的病史令人印象深刻,正如弗洛伊德自己挖苦地评论道,它读起来"像一部短篇小说",第一眼看上去"缺乏严肃的科学标志"。尽管如此,今天我们重读这个病案依然能感觉到分析工作中的联系,从而与伊丽莎白产生深深的共鸣。实际上,在经过深深的悲痛之后,她的情感和生活获得了极大的自由。离开弗洛伊德后,伊丽莎白有过一次反复,之后我们听说有人看到症状消除的伊丽莎白在一个舞会上"轻舞飞扬",再以后她就离开家结婚了(但并不是和她的姐夫!)。伊丽莎白大腿疼痛的地方,被证实就是她那患病的父亲大腿被包扎的部位,虽然一开始她并没有意识到这种联系。伊丽莎白对施加于大腿的电刺激产生了一种一半是愉悦,一半是疼痛的感受。弗洛伊德对此精细地观察并描述,他向读者暗示这个症状有些色情的意味,但这同时也许是一种可以释放内疚感的惩罚。

这个早期病案凸显了症状的动力学本质。伊丽莎白的症状既巧妙地满足了性的愿望,但也对性的愿望进行了惩罚,特别是因为涉及家庭成员,所以这些愿望从未达到意识层面。用症状满足并惩罚欲望的精巧方式就是这种**癔症性**(hysterical)症状的特征(见第三章)。症状的**原发性获益**(primary gain)允许本我和超我达成妥协,同时症状还存在着**继发性获益**(secondary gain):即使伊丽莎白不能独立成长为一个性感的女性,她也可以一直以一个病人的身份,舒适地生活在家庭的亲密气氛中。另外,这个病案还展示了部分的**心理防御机制**(psychic defence mechanisms)。

心理防御机制

从出生伊始，我们就被一种需要驱使着去发现和认识我们自身和这个世界。这一点十分重要，了解这个世界的真实面貌，滋养和丰富了我们的精神世界。同时，我们又需要保护自己不被压倒性的情感或令人恐惧的冲突所伤害。无论何时，我们究竟能在多大程度上接受现实，始终取决于精神的支出与获益间的平衡：这种平衡是两种需要之间的平衡，一种是对获得认识和理解的需要，另一种是对保持**心理平衡**（psychic equilibrium）的需要。

现在的年轻妇女一般不会再像伊丽莎白那样，将自己对于姐夫的爱慕隐藏起来。然而，我们仍然需要用所谓好的眼光来看待我们自己，做一个符合自身标准或社会标准的通情达理的、高尚正派的人，我们心中的超我不停地工作正是为了保证这一点。人们了解得越多，越感到困扰。这不仅是对自身的性欲的了解，也包括对自身的恨与攻击性的了解。一个创伤，尤其是早年的某个创伤，可能不得不"被遗忘"，或以不带情感的方式被回忆。

防御机制（defence mechanisms）（Freud，1926a；A. Freud，1936）是一种自动的、潜意识的心理活动，它是自我的功能，可以帮助人们保持、心理平衡。弗洛伊德和安娜·弗洛伊德最早描述了这种心理现象，后来的分析工作者也对此进行了肯定和进一步的阐明。一种核心的防御被称为**压抑**（repression），这种防御，把不被接受的思想和情感从意识中排除出去。例如伊丽莎白有关性的感受，以及对姐姐去世她内心一闪而过的胜利念头都被压抑了。受到压抑的材料保持着一种"处于张力下"的状态，它急切地想得以表达，于是，其他的防御机制可能会被调动起来，使被压抑的思想和情感以能被接受的、伪装的形式呈现出来。被压抑的内容也可能会以症状的形式，被编成密码伪装后表达出来，就像伊丽莎白的腿疼和麻痹，既表达着她的愿望，又表达着她抵抗愿望的防御。但是，也有可能转向对立面，如**反向形成**（reaction formation）。举个例子，当某人过分友善、有益于人，其实他是不愿意承认自己实际上是鄙视他人的。

在**否认**（negation）的防御机制中，个体通过强调事物不相关或相对立的部分，无意识地将注意力引向压抑的内容。在弗洛伊德关于否认的文章（1925）中，他通过一位病人的话举例说明："您问出现在梦里的这个人可能是谁？她不是我母亲。"弗洛伊德注意到"母亲"的说法，正是病人自己而不是别人提出的，尽管用的是否认的形式，而潜意识提示他那就是他母亲；把自我的一部分当成是他人，或把他人的一部分当成是自己时，这就是**投射**（projection）和**认同**（identification）的防御机制。

在投射中，不被喜欢的方面被自我拒绝接受，并归咎于他人。投射总是包含了对现实的**否认**（denial），这常常包含着极端**分裂**（splitting）的两方面：**理想化**（idealisation）和**贬低**（denigration）。例如一个人可能把自己或自己的团体理想化，以贬低他人或别的团体为代价。但是，这是种族主义或战争时期爱国热情的基础：被仇恨的团体被视为是肮脏的、暴力的、残忍的、性滥交的、吝啬的（实际上是任何坏的或令人恐惧的），而自己和自己的种族团体，或自己的国家或足球队，则被视为是百分之百品德高尚的。为了达到效果，投射需要被他人或其他团体早已存在的小"挂钩"牢牢钩住，即他们可能具有不讨人喜欢的性格的某些方面，而这些方面在此时被极端地放大了。投射可能以这样一种方式发生，即接受者的潜意识受到激发去扮演投射性冲动。例如，一个人可能有点嫉妒别人，当他（她）向朋友扬扬自得地夸耀自己获得的好运时，他/她会使这个朋友体验到嫉妒。

认同（identification）是发展的正常部分。一个孩子，有着与父亲相同的行为习惯，此为认同。认同也是哀伤过程的一个正常部分，失去亲人的人，无意识中会秉承逝去的亲人的某些性格特点，甚至他会坚信他自己，也得了和已逝亲人临终前所患的同样的病。如果认同过于强烈或持续时间太长，则可能会成为一种防御，而妨碍自然的哀伤过程。如果不是那么强烈，认同则会采取一种让所爱的人活在内心深处，从而得到慰藉的普通方式。**与攻击者认同**（identification with the aggressor）（A.Freud，1936）是一种变形的认同，可以举个例子来说明：先前自信心不足、脆弱的儿童，以后会将在学校受到的欺辱转变为对自己的虐待（Sandler，1988）。

防御是精神活动的必要部分，但如果防御极端化，或僵化而成为人格的一部分，就会变得非常麻烦。有些人会发现自己难以忍受体验自身的需求和脆弱，以及与他人的内心独立分离。取而代之，他们保护性地创造一个**自恋的**（narcissistic）世界，在这个意象的世界里他们是**全能**（omnipotent）的中心。这种防御结构将严重阻碍关系发展。因为在他们自己的人生戏剧中，其他人仅被他们体验为跑龙套的小角色，他们会觉得自己可以冷酷地、轻蔑地役使他人。这些自恋的精神世界被称为**精神避难所（psychic retreats）**（Steiner，1993），人们往往是在经历过儿童期严重的精神创伤和忽视之后，为了应对这些创伤而营造这一精神避难所，但就是这一早期的神殿，后来会定型成为精神监狱，使随后的关系变得扭曲和贫瘠。

行为倒错和玩笑

潜意识思想和情感之冰山一角，会以**行为倒错（parapraxes）**的形式凸显出来，即众所周知的"弗洛伊德失误"：口误、笨拙的行为、遗忘或错误的记忆（Freud，1905a）。一位营养学家在一次演讲中，本来想说"我们应该总是要求最好的面包（bread）"，却颠倒了"r"的位置，说成"最好的胡须（beard）"。我们可能忘记去参加一个令人惧怕的会议，或者会用朋友的前任伴侣的名字来称呼他/她的新伴侣（因为我们更喜欢他的前任）。一位对精神分析非常紧张的病人，试图不去了解自己有多么的紧张。当他去按诊所的门铃时，把门铃旁贴着的"照顾者（caretaker）"标签误读成"殡仪事务承办人（undertaker）"。

弗洛伊德对行为倒错的描写非常详尽。他（Freud，1905a）指出，通过同样的方式，玩笑是如何宣泄了不安和焦虑的想法与冲动，用幽默作为伪装令讲者和听者都更能接受这些思想和冲动。这使幽默也成为一种防御方式，而且往往是一种相当有用的防御方式。对于那些看得太清楚会让大家感到害怕或窘迫的东西，如自私、不宽容、凶残和毫不掩饰的性欲，我们会对自己及他人进行幽默或亲切的揶揄，以将低窘迫。

梦

弗洛伊德（1900）认为对梦的理解是"了解潜意识心理活动的捷径。当代的精神分析师们仍然赞同弗洛伊德对梦的研究，承认在探索潜意识心理活动过程的道路上梦为我们打开了一扇重要的窗口。梦既不是神秘的预言，也不是随机的心理"泡沫"——梦是我们睡眠时的特殊的思维方式。弗洛伊德相信，做梦可以保护睡眠不被外部世界和侵扰内心的事物所打扰。同时，他指出了梦是如何表达我们最深层的关注，以及梦是如何实现被隐藏的愿望的。此外，如今的精神分析师和其他流派的治疗师倾向于认为，睡眠的部分原因是为了做梦，因为做梦包含了重要的加工，同时做梦可以对清醒时涌入大脑的新的心理信息进行整合。做梦常常是极其重要的、富有创造性和整合性的，同时也是具有保护性的。

为了尽可能保持长时间的睡眠，我们大多数人都会记得将闹钟的声音或膀胱的充盈感整合到我们的梦中。但我们所有人都会用自己独特的方式去完成和编织我们特有的故事。当我们探究这些故事的时候，它们可以揭示出更深层的愿望和关注。为了保证我们能维持睡眠状态，并继续做梦，梦不得不成为一种妥协。如果梦境过于色情，过于暴力或有太多的干扰，我们就会从惊吓中醒来。人们总会以相似的方式从创伤性的梦中醒来——在梦中，创伤性事件（如士兵战场上的记忆或一场可怕的事故）并没有得以解决，而是在经过变形和象征化后简单地被重演了。然而，梦常常是一种复杂而微妙的产物，它不遵循人们清醒时的逻辑，而是遵循着另外一种规则，这一规则让我们联想到了诗歌，印象派与抽象派艺术和笑话作品。

显梦（manifest dream）之下是**隐梦思维**（latent dream thoughts）。假设性的、看不见的**梦工作**（dream work）是一个以过去和现在的混合物为材料，将隐匿之物显现出来的过程。梦工作经典地运用了**置换**（displacement）、**凝缩**（condensation）和**象征化**（symbolisation）的机制，任何过于裸露或震撼的内容都会被伪装或压抑。情感可能会从梦的一部分置换到另一部分。一个画面或事件可能蕴含着多重意义。梦中所出现的象征可能是个体所独有的，也可能是全人类所共有的。对梦进行的更为详尽的阐述经常是醒来之后完成的，称为**润饰作用**（secondary revision），在这一作用下，做梦者将会不知不觉地进一步扭曲梦。

病人有时会将梦带到他们的治疗中来，分析师则把这些梦当作病人在分析过程中所做的另一种交流，也视为移情情景的诸多条线中的一条。梦的解析通过对梦工作做反向处理，试图去重构隐梦。在意义无法立即显现的地方，会要求病人对梦的不同细节进行联结，对此不做过于复杂的思考，简单地说出他或她内心的想法是什么。分析师也许会建议病人对那些古怪的细节，或者那些病人认为不太重要而忽略的细节进行联结。当这个过程进行时，以前被隐藏的意义和想法可能会以一种令人满意或让人沮丧的方式引起注意。第一章开头做了一个梦的阿兰，在他第一次感到恐惧时并没有意识到，这种恐惧来自于：如果他允许自己觉察到愤怒，并对他的分析师表达愤怒，那么分析师可能不会去做出防御，而很可能会真的受伤。他起初冷静地思索着他的梦，但当他的分析师鼓励他在治疗中跟随自己的自由联想时，他隐藏的恐惧和愤怒便开始浮现。

做梦者可能会报告自己说不出来或者无法思考。一个刚刚开始分析的年轻女子对自己的一个梦感到困惑。在梦中，她父亲变为了一个非常矮小的形象陪同着她，开始了一段漫长而艰难的登山之旅。清醒的状态时，她忽略了对分析师的不礼貌想法，因为分析师是一位身材矮小的男人，为了避免不礼貌而忽视了分析师的矮小身材，这一点不像她敬重的父亲。一个年轻男子有关金钱的焦虑促使他的分析师降低了对他的收费，这个男子表现出了欣慰和感激。然而，就在当晚，他梦到自己用老虎机赌钱，中了头奖。当硬币从出币口倾巢而出的时候，他感到异常的兴奋和欢乐，并轻蔑地认为这台老虎机太容易赢钱了。梦也可能会被解释成更加微妙而复杂的防御机制：一个病人习惯于去拒绝其他人的任何需求，包括他的分析师。她梦到，当她伸手去拿一只放在她身旁壁架上的勺子时，她就被关进了一个黑暗的地窖中，并遭到一帮杀人团伙的胁迫。

更多的信息可以通过对梦的发生方式的思考而获得，而不是从梦的实际内容中获得，这在分析中并不罕见。这是因为梦不是用来理解的,而是为了对分析师做些什么,或是用来摆脱令人不适的内在体验。一个流露出对梦有着异常兴趣的分析师可能会被那些梦所淹没——病人可能会以一种表面上看起来很合作的方式将那些梦记录下来,但在某种意义上,并没有显现出有用且具启发性的意义。或者分析师可能理解某个梦,但病人对此并不感兴趣。或者与其一起理解某个梦,倒不如在治疗中直接见诸行动。例如,病人可能带来一个与邻居争吵的梦,然后很快就会因分析师试图去理解这个梦而变得急躁而鄙夷。汉纳·西格尔(Hanna Segal,1991)描述了梦可能作用于分析的不同方式。

如果有意对梦的课题做进一步的研究,可以参考弗兰德斯(Flanders,1993)和皮尔伯格(Perelberg,2000)二人编辑的有关梦的当代精神分析思想的书籍,其中有丰富的内容。

幻想

所有的精神分析理论都认为,潜意识的思想和情感是心理功能的核心。一般认为精神活动产生于躯体内部,所以,躯体的基本冲动是原始的,以后逐渐转化成为精神活动中的思想和愿望。当潜意识的愿望受到阻碍和遭遇挫折时,就会产生愿望得到满足的幻想,这通常也是在潜意识中发生的,随后这些幻想便注入到梦、症状、失误和玩笑的结构中。单词"phantasy"中的字母"ph"表示幻想发生于潜意识的形成过程中,以区别于有意识构建的白日梦或幻想(fantasy)。

借助泛灵论和关系学派的术语，梅兰妮·克莱因（Melanie Klein）把弗洛伊德关于**幻想（phantasy）**的概念扩展为头脑中呈现出的全部感觉和体验（Hinshelwood，1994）。因此，按克莱因的说法，潜意识幻想就是潜意识中原始的、连续的内容。举例来说明，某人用饥饿感来表征可怕的内在吞噬感；将可爱的东西赋予母亲，以此来表征对母亲的爱的情感体验。

这些有关泛灵论——体验的潜意识伴随物的观点，大部分来自于克莱因在分析情景中对儿童游戏的观察。儿童，尤其是那些在她看来有情绪问题的儿童，父母间的性、父母和子女之间的性、令人愉悦的喂食、愤怒的破坏、以及养育或杀掳婴儿等情节，会出现在他们的游戏中演绎其家庭关系中令他们感到不安的成分，诸如无论是否受到了父母的善待，在这些游戏中暴力主题都频繁出现。克莱因还强调弗洛伊德关于"**原始情景**"（primal scene）（精神分析认为：婴儿第一次看到父母性交的情景，对婴儿性心理发展会产生一定的影响——译者注）观点的重要性，即无论孩子是否实际目睹了父母间的性，在他们的心里都有一个内在的模板代表父母的媾合。这来自儿童的早期生活体验，可能成为嫉妒和恐惧的源泉，一些令儿童神魂颠倒的关注也是由此而来。在孩子的想象中父母媾合的方式，与孩子目前全神贯注的事物是一致的，无论占优势的是口腔、肛门还是生殖器。

> ### 简
>
> 四岁半的简在她的成长中发生了严重的抑制。和母亲在一起的她很腼腆、像个婴儿。如果她晚上没有被允许睡在父母中间她就会表现出强烈的不满。她不能向父母说明她到底在担心什么，但在她分析治疗的第一周中，她在游戏时所采用的方式生动地呈现了她的幻想和恐惧。游戏室里小人和动物激烈地在一起交战，鼻子塞进嘴里或屁股里；念叨了床上切进肚子的一把小刀。还有本该是受到珍爱的布娃娃，却受到了攻击，随后被扔进了大箱子。
>
> 渐渐地，分析师可以和简谈论她对妈妈和爸爸在一起所做的事所产生的恐惧，还有她是如何既渴望又痛恨有一个弟弟或妹妹的。与想象中的鳄鱼和狮子的生动游戏，被解释为简对自己的弱小怀有强烈的愤怒。分析师以各种不同的方式向简指出，她对于强大的成人难以控制的嫉妒和猜疑，反过来成为她对朝向自己的疯狂的报复性惩罚的恐惧。当分析师用这种方式使简明白游戏中的潜在的幻想意义时，简的痛苦大大减轻了，开始在她自己的床上安静地睡觉，并跟上了同龄人的发展步伐。

幻想也可以被视为一个对世界和人际关系进行假设的过程。逐渐意识到痛苦的、令人烦恼的潜在的幻想，便可以理解意识生活中那些看起来不合理的恐惧。作为真实体验的结果，幻想逐渐被转化，通常变得不那么具有侵入性，变得可以被理解了。相比儿童，健康的成人更容易实现这种转变。不管怎样，在成人的清醒生活里，潜在的身体幻想持续于语言之中，如"以牙还牙"，或"食言而肥"。在人们有严重的困扰时，幻想还会浮出水面，例如精神病患者遇到困扰时会形成一些妄想和幻觉。

早期的躯体关系和幻想，使得世界充满丰富而复杂的象征，这种经验也给我们提供了一种方法来思考我们一生中所经历的依恋、迷信和恐惧，并通过艺术的形式来表达。

心理表象（或表征）和内在客体

自体和他人之间关系的**心理表象（或表征）**（mental representations），从婴儿时期起就储备在心理活动中。从弗洛伊德开始，精神分析理论就一直在强调这一路径，即这种内在的"模板"，过去储存的持续影响我们对现实生活中其他人的感知和反应方式的心理活动。这就是我们在第一章中讨论过的移情的基础。

内在表征被个体自身的愿望和冲动所修改，而并非是外部体验的忠实复制品。比如，父母的形象表征可能比实际更亲切，或更具敌意。在后一种情况中，很有可能是个体自己的某些敌意被归结于他人，这样个体自身就可以保持一个相对亲切的表征（请查阅前面关于投射的讨论）。

内在客体（internal object）这个词常用来描述人们的内在版本。在这里的"客体"这个词并不意味着无生命的物体，而是指爱、恨及渴望等感情所指向的**人性客体**（human object）。一个内在客体通常被认为是一种心理的存在，这种心理的存在远不止限于精神表征,而是精神世界中一种更活跃的、甚至是一个自主的"角色",它以各种不同的方式与其他客体和自体相互作用。大多数当代精神分析理论都与内在客体有关,并常常被广泛地称为**客体关系理论(object relations theory)**。克莱因认为,幻想的过程(见上)与内在客体的形成密切相关,这些客体可能是原始的、噩梦般的或有魔力的、良好的。

内在客体(参见 Sandler & Sandler,1998,概念的回顾)的形成,部分源于外在关系体验的内化,随后它们又会反过来影响我们体验外在关系的方式。当人们的内在图像显示出对他人感到极其亲切和信任时,就会发现更容易与所爱、所信任的人相识和相处。因此我们得到这样的观察结果:一个被爱的和有安全感的孩子,更容易建立一种关系,这种关系可以将他(她)导向被爱的和安全的成年生活,这样,他(她)就可以向他人提供爱与安全。一种爱的和好的内在客体的基本感受,使孩子得以自信地独自玩耍,或能够延迟对舒适、食物及理解满足的要求。这不仅仅在于这个孩子知道,从外界可以得到这些东西,这些东西是具有可用性的;更重要的是,与此同时他/她还在发展一种与驻扎在内心的好客体相关联的感觉。

同理,我们说当一个孩子的父母时常有不可预测的暴力,那么这个孩子很可能会将不可靠的或威胁的形象内化为一种**原始的关系(primary relationship)**,他(她)会生活在充满着危险和依赖的内心世界中。他(她)成年后会自动地陷入类似的体验中,对关系缺乏信任感,因而错过可能获得的好的体验。

尽管早期体验对性格形成很重要，但这些模板却并非坚如磐石；尽管某些扭曲了的观点已经固着了，而人格中积极、动力部分的功能是开放的，这些模板随着经历的变化也会逐渐发生变化。精神分析的体验能够帮助个体，使得个体的内在世界更加现实和稳定。

关于发展的精神分析观点

一个成熟的个体具有一致和稳定的自我意识，有能力把他人作为独立于自己之外的存在来感知，同时他或她有自己独特的精神生活和自我意识。可以这样说，一个相对成熟的个体通常是生活在一个三维的、复杂的密集的世界中，而不是生活在一个以自我为中心的**自恋性**（narcissistic）的世界中，在这个自恋性的世界里，剩余的部分仅仅只是在提供舞台布景和演员，处处都充满着个人的投射。自恋是早期生活的一种正常特征。例如克莱因的"偏执——分裂态"或温尼科特的"前同情"期（见本章下文），都是在描述自恋。在某人意识到自己不是世界的焦点之前需要心理工作和哀伤（见下文）。我们曾提到过心理倒退，这是由于多种原因个体无法放弃自恋，从而在人格中变得僵化。

成熟包含了一种管理情绪的能力。成熟的个体既能处理和享受亲密关系，也能忍受分离和孤独。他或她能够在某些方面变得富有成效和具有创造性。曾经，弗洛伊德把这些都总结为"爱和工作"的重要能力。当然，并不存在着一种理想的、一下就能达到的成熟状态；精神分析师也不会依据某人正常的外在行为或其生活方式来推断他/她的成熟度。

虽然不同的精神分析学派所强调的精神发展过程中的重点不同，但它们对许多基础概念是共享的。所有学派都赞同：早年的经历，特别是与母亲、父亲和其他重要抚育者的关系，与孩子的先天禀赋相互作用，形成了一个人的人格。这些体验构建了孩子的关系模式，以及他或她在意识层面和潜意识层面对世界的感知和体验。精神分析师视正常的发育为个体能力的逐步展开，尤其强调情感和关系的能力以及主观体验的变化。

哀伤

精神分析理论一致认为，"**哀伤**"（mourning）是发展的核心。**发展**（development）总是包括"获得"和"丧失"两个方面。例如，如果在蹒跚学步期探索更广阔的世界，就不得不放弃婴儿期的保护性亲密关系。如果在需要放弃的某个阶段（在某种程度上）不尽人意时，发展就会因此而脱轨，从而导致个体不能为下一阶段做好充分的准备，如以下琼的例子：

> **琼**
>
> 当弟弟出生时，三岁的琼看上去生气和失望，并时常"向隅而泣"。那时的全家福照片上，她的脸看起来茫然若失、毫无表情。她的母亲是一个缺乏教育的女人，不能为琼提供足够的支持和理解，而琼又习惯于逃避，而不是积极地去要求和竞争以获得关注，

> 从而使得问题变得更加严重。虽然琼从未做得像期望的那样好，但她还是将中学生活应付过去了。然而，当她离开家去上大学后不久，就出现了严重的抑郁而不得不住院。

精神分析师将发展视为既是循环性的，又是按顺序发生的过程；情感发展的早期阶段常会发生退行（regression），有时这种退行是以一种不断重复的方式出现；有时是回到过去修复之前的困难，并获得一个新的向前的发展。

> 琼在三十多岁时接受了分析治疗，在治疗的间隙，或是在看到分析师的其他病人后，她会变得退缩和抑郁。尽管这段时间在兜圈子，但分析师所提供的详尽的解释与支持，使琼逐渐修通了这种困境。她最终能够认识到她那不可能实现的、与完美母亲形象幸福结合的渴望，并为之哀悼，与之告别，接受过去的失败，与现实的平凡生活、与关系中的满足和失望达成妥协。

现在我们来了解一下关于发展的四种主要的精神分析理论。我们会从最早的弗洛伊德理论开始，然后是在他的理论基础上发展出来的安娜·弗洛伊德（Anna Freud）的理论、梅兰妮·克莱因（Melanie Klein）和唐纳德·温尼科特（Donald Winnicott）的理论。虽然还有许多其他人的理论（有一些会在本书的其他章节中简要地提到），但我们选择这三种进行介绍，是因为这三个理论是英国精神分析中最有影响力的理论。这些观点都有各自

第二章 精神分析理论基础

不同的侧重点和专业语汇，可能会使读者感到有些混乱，但在精神分析发展理论的范围内，对当前三种理论的多样性加以概述是非常有必要的。

弗洛伊德的发展理论

弗洛伊德的发展理论主要是关于**力比多**（libido）的发展。力比多是一种非特异的、以躯体满足为目的的感官驱力，在不同的阶段会集中于某些特殊的身体区域。婴儿的不同时期对应身体的不同区域，而对特定身体区域的关注从来不会完全消失，而是在正常成人的性欲特征中持续地存在，同时也持续存在于各种性变态以及其他的形态中（Freud，1905b）。

在**口欲期**（oral stage），婴儿的力比多集中在嘴部，从吸吮中得到快乐。弗洛伊德认为，婴儿大体上是自我满足的，遵循快乐原则，婴儿能够获得幻想中的满足，例如，吸吮自己的手指。然而，这种机制也不会完全起作用。即使是注意力最集中的母亲也不是总能立刻满足孩子的需要，通过这种方式，婴儿渐渐变得能意识到现实了。在弗洛伊德的重要文献《关于心理功能的两个原理的构想》（1911）中，他强调了在愿望满足与无法实现之间进行妥协的重要性。这对于思考能力的发展是必需的，而思考对在现实世界中采取行动而言，又是必需的，这是成熟**自我**（ego）发展中的一个重要环节。尽管在1911年，他还没有把这个观点同哀伤的需要联系起来。但是，对不现实的愿望的哀悼，是与一种能力的发展密切相关的，这种能力是指能用现实的方法，而不是用幻想来接纳情感和应对现实。

在肛欲期（anal stage），当孩子学习括约肌控制的时候，他们发现肛门活动是令人愉快和吸引人的。这个阶段还包括对排便或是保留粪便的选择，以及其他有关选择的问题。在两难阶段，控制的主题还涉及除括约肌之外许多其他的事情，例如关于吃或穿方面的冲突。这一阶段的问题标志着某种开始，即在关系中持久存在的困难："给和取"。潜在的肛门关注会变成潜意识，会不断地、象征性地重现，例如在梦中。第一章所描述的马克的例子，可以说明这一点。

> 一段时间里，马克仍然受困于与母亲和治疗师的关系，无法处理愤怒和被动的状态，他既不能离开家，又不能去工作。有一次，他梦见自己在一个矿井里，聚精会神地在黑色的、肮脏的泥土里挖着珠宝。

大约从三岁起，儿童开始逐渐注意到他们的生殖器，发现能通过触摸它而感到惬意。他们开始炫耀他们的身体，而且对其他孩子的身体，尤其是对异性孩子的身体感到好奇。弗洛伊德称此期为性蕾期即**性器期**（phallic stage），因为他认为男性生殖器是两性都感兴趣的主要器官（"phallic"一词有"男性生殖器"及"阳具崇拜"之意。——译者注）。

俄狄浦斯情结（Oedipus complex）是精神分析发展理论的核心部分。虽然自弗洛伊德起的精神分析师们可能对俄狄浦斯情结的时间划分或确切性质看法不一致，但他们都认为俄狄浦斯情结是发展的重要基础。弗洛伊德以希腊神话中英雄的名字来命名这个情结。黛菲·奥拉克（Delphic Oracle）预言俄狄浦斯会弑父娶母，因为不幸境遇的安排，这个预言实现了。

弗洛伊德发现所有的成年人，包括他自己，都或多或少地深深隐藏着对自己异性父母的依恋，以及与之相伴的对同性父母的敌意。他认为这种情况发生在生命的3～5岁，并且推测这个主题不仅存在于希腊神话里，也隐藏于其他文学作品之中，例如莎士比亚的哈姆雷特，它拨动了人性中共同的心弦。弗洛伊德很清楚，在男性和女性中，同性恋和异性恋的情结是普通和普遍的，通常的结果是成为成年异性恋，但是，我们中的大多数都始终具有对双性深深依恋的潜力。

弗洛伊德认为俄狄浦斯愿望是因为恐惧才被放弃的，例如男孩害怕他父亲用阉割的方式惩罚他，他观察到女孩没有阴茎，这使其更加受到刺激，对之（惩罚）更加确信。我们有时能观察到小男孩对他们生殖器的担心：

> 当父亲正在厨房为午餐切洋葱时，四岁的詹姆斯进来了，他本能地抱紧自己，紧张地问道："你不会切掉我的小鸡鸡，对吧，爸爸？"

根据弗洛伊德的观点，正是这种恐惧使小男孩放弃了取代父亲而和母亲在一起的野心。就这样，他内化了父亲的形象，作为内在和外在的权威接受了自己的父亲。这就是**超我**（super-ego）的形成方式。由此，乱伦的愿望被禁止，整个事情受到压抑，从意识记忆中消失。

不仅仅是恐惧，因"不能得到"而妥协，由此产生的哀伤在解决俄狄浦斯情结中也起到了一部分作用，这一观点得到了追随弗洛伊德的理论家们更有力的强调。对父母的爱伴随着恐惧和竞争。在下文中，安妮找到了一种有独创性的、不动干戈的办法来解决她的俄狄浦斯情结：

> 三岁的安妮，带着歉意但很坚定地对母亲解释说：她已经决定和爸爸结婚。对于妈妈的疑问"可我已经和爸爸结婚了，那我该怎么办呢"，她自信地回答道："妈妈，你会没事的，我已经考虑过这个问题啦！你可以留下来做女佣。"

事实上，弗洛伊德相信，对于女孩来说情形会更加复杂，因为发现男孩子有阴茎导致了嫉妒和自卑感，并且因为妈妈没有给她这个器官而对妈妈产生敌意。这一点导致了想得到男人的阴茎以及能够有孩子（怀孕）的愿望。随着理解的加深，现在，精神分析师认为，女孩对位于她体内的、她必须加以保护和培育的宝贝有着本能的而又微妙的意识，虽然阴茎的存在颠覆了对内在宝贝的幻想。小女孩们都得经历这样一个阶段，即对所觉察到的缺陷感到十分生气和伤心。不过，我们现在仍可以看到这样的妇女，在有意识和无意识中，她们的人格是围绕着"有缺陷的男人"的观点来组织的，就像走进了一个发展的"死胡同"，而不是朝着如弗洛伊德所提出的典型的女性模式的方向发展。虽然女孩和女人可能有时会嫉妒男性的体力和阴茎的性能力，但男人同样可能嫉妒女人有做母亲的能力，并且潜意识里可能仍然残存着他们早年对母亲力量的敬畏和恐惧。

弗洛伊德认为，在经过阴茎/俄狄浦斯期的恐惧和热情之后，学龄期的儿童进入了一个**潜伏期**（latency phase），在潜伏期里孩子的兴趣是去性化的，力比多的能量通过**升华**（sublimation）机制的作用导向了社交、智力和其他能力的发展。当不得不压抑成人性欲的萌动时，潜伏期成为一个热衷游戏和尝试的时期。然而，由于合理的生理学原因，家庭内实际的性生活不得不有所禁忌，这些儿童期性欲成分需要被淡忘和朦胧化。青春期带来的性和攻击感的急剧高涨，对年轻人提出了要求，要求他们在与同辈的关系中把情感和幻想付诸现实。**青春期**（adolescence）的一个重要任务是把对性的依恋从家庭转移到外面的世界，于是性可以发展到最后的弗洛伊德所谓的**生殖器期**（genital stage）。

父母的任务是为儿童提供得以独立的安全底线。本章前面所描述的弗洛伊德的一个病人伊莉莎白，就是一个很好的范例。没有帮助，她就不能走出她在青春期与其父亲强烈的俄狄浦斯情结。她可能也已经被正在萌动的性欲所困扰，需要在家中挂靠一个安全的地方，那就是成为父亲崇拜的红颜知己。也许在她隐秘的心灵深处，她要成为父亲"真正的伴侣"。

或许伊莉莎白的父母与她内心的困难串通好了，他们让她在她一生中如此敏感的时期里，充当父亲的护士。姐夫看起来也很像一个被置换的俄狄浦斯客体，是家庭里令人兴奋但却不能得到的男人，他之所以有吸引力，部分原因是因为他是属于别人的。所有这些都不得不隐藏于她自己的潜意识内，而她的愿望得以满足部分直接源于姐姐的死亡，这导致了不能容忍的冲突，这些都通过伊莉莎白的疾病表达出来。

发展轴线：安娜·弗洛伊德

1938年，安娜·弗洛伊德与她的父亲作为流亡者去了伦敦。与她的父亲不同，她接受了成为教师和精神分析师的训练，并开始对儿童做精神分析。她对进化发展的精神分析理论的贡献既来自于她对她父亲理论的认同——尤其是他的心理结构理论（见上文），也来自于她对儿童的直接经验。

安娜对儿童心理发展中相互作用的各个部分很感兴趣，如先天禀赋、固有的发展过程和环境的影响。尽管她深受弗洛伊德理论的影响，但她对正常和停滞的发展有着自己更详尽的观察。她对正常发展和病理的发展障碍同样感兴趣；她对儿童的治疗目标是帮助孩子回归正常发展之路。

安娜·弗洛伊德的发展理论强调从婴儿期到青少年期的所有发展阶段和层面，允许分析师对各个阶段和层面进行区分，并将病理现象理解为与正常发展背景的背离。她还注意到这样的事实，一个孩子自我功能的退行，无论是由外在的因素或内在原因引起，均是对压力的正常和暂时的反应。

安娜·弗洛伊德和她在汉普斯特德（Hampstead，参阅81页）工作的同事们开发了一种评估儿童和青少年发展的工具，称为《暂定诊断简易手册》（*Provisional Diagnostic Profile*）（A. Freud，1965），这是一个对病人进行评估的心理学框架；它的目的是促使诊断医生能够考虑儿童生活和发展中的所有内在和外在方面，以便对正常的与病理的功能活动获得均衡全面的认识。从最初的临床应用开始，这种诊断手段发展成了一个研究工具，它被用来比较病例和评估治疗中的变化。安娜的发展理论与梅兰妮·克莱因的不同在于，她关注整个儿童和青少年期被定性的不同发展阶段，而克莱因则倾向于关注早期阶段。

安娜·弗洛伊德还发明了一种评估发展的方法，称为**发展轴线（developmental lines）**。发展轴线可以详细地检查，特定功能范畴内的一系列的驱力和结构的发展："通过观察任何指定的孩子所呈现的驱力和自我——超我的发展与他们对环境影响的反应之间的相互作用，例如在成熟、适应和结构化之间的相互作用和影响，来了解其发展到达了何种水平（1965: 64）。"最初，安娜·弗洛伊德描述了六条发展轴线：

- 从依赖到情感的自立和获得成人的客体关系；
- 从吸乳到合理进食；
- 从随意小便、大便到对膀胱和肛门的控制；
- 在躯体管理上从不负责到负责；
- 从自我中心到同伴友谊；
- 从身体到玩具，从游戏到工作。

每一条发展轴线都被详尽地阐述，其中对某些部分的描述比其余的更为详尽。尽管这种评估方法强调可观察的行为，但是，关于每条轴上获得每个阶段所需的内在心理发展也得到了详尽的解释。这些发展线可供分析师或非分析师使用，用来检查儿童在不同生活阶段来临之前，如上托儿所之前，是否做好了准备。还可用来仔细检查有哪些发展缺陷、发展滞后或扭曲。一个孩子是否均匀地沿不同的轴线发展，也能得以判定。

　　在病理学的评估方面，安娜·弗洛伊德把由内在冲突引起的神经症性障碍与先天缺陷进行了区分：要么是先天的器质性缺陷，要不就是因为早年有被剥夺的经历，从而造成了发展的滞后或扭曲。对神经症性障碍，她认为精神分析是可选择的治疗，但对于缺陷，她则提倡使用一种被称为"发展性帮助"的治疗方法。这种治疗方法与精神分析的区别在于，它不必强调对内心冲突和防御的解释。埃奇库姆（Edgcumbe，2000）曾描述过："在安娜·弗洛伊德的时代，有观点坚持认为，'发展性帮助'的治疗方法即使一周治疗五次，对于那些患有非特异性发展障碍的儿童，如自闭儿童、边缘的或其他儿童，仍然不是一个'合适的分析方法'。"然而，几乎总要发生的情况是：经过一段时间的发展性帮助以后，可解释的冲突开始出现，治疗逐渐向经典的儿童分析靠近。

幻想和现实的斗争：梅兰妮·克莱因（Melanie Klein）

　　克莱因并不像弗洛伊德那样，把发展的阶段（口欲期、肛欲期等）看成是清晰而连续的，她在对幼龄儿童的分析中发现：对口唇、肛门与生殖器区域的关注和幻想可能以复杂的方式同时存在。她从一个新的角度来看待发展，她有着她自己关于**偏执分裂态（paranoid schizoid position）**（又译为偏执分裂位置）和**抑郁态（depression position）**（又译为抑郁位置）的概念。她的理论描述了人的整个一生所经历的两种基本的、摆动的心理状态（参见 Klein，1940，1946a）。当处于抑郁态时，个体会把自己和他人看得超过实际或不如实际。人类是复杂的，既有积极的和吸引人的特征，也有不那么积极甚至令人不愉快的特征。通过这种多维立体的方式来看待他人或自己，要求一个人能够接纳人类的脆弱，并且接受他人与生俱来的独立性和自主性。

你可能希望你的母亲（或妻子、或孩子）各方面都很完美，但如果你真的看到她是那么完美的话，那时你所看到的只不过是你希望得到的幻想，而不是一个真实的、独立的人。同样地，你可能对你的前夫感到愤怒，但如果你把他看成集邪恶于一身，没有任何一点儿好的品质的人时，你只是在简化一张复杂的图像。你的消极观点可能出于一种自我保护的目的，这样当你在失去一个现实中拥有某种品质的你曾经爱过的人时，你就不会那么悲伤。这也可以保护你不会因为和爱人分手而有内疚感，也许你甚至还会把一些被你自己否认的特征归结于他。抑郁态里所说的"抑郁"并不是指疾病抑郁，而是指对事实和幻想的丧失感到哀伤，或是因为对所爱的人有所攻击而感到负疚或悔恨。

有一种像切纸板一样把人看成全好或全坏的状态，克莱因将它称为**偏执分裂态**(paranoid schizoid position)。"精神分裂"这个词是指好与坏的分裂,而"偏执"这个词义指投射,即将自身不能接纳的好的或坏的品质否认掉,并投射到其他人的身上,然后这些人要么被理想化、要么被恐惧或被仇恨。负性的情感像"回转镖"一样折返回来,结果是使被仇恨的客体显出具有威胁性的可憎面目。精神的偏执分裂状态被**自体保存**(self-preservation)的原则所控制,毫不关心或同情他人。

克莱因认为,婴儿的精神世界具有最原始的偏执分裂状态的特质,他体验到了来自母亲的两种截然不同的感受。好的体验(如被喂养、被安全地抱着或感到舒适)都归于可爱的好的母亲,而坏的体验(如被冻和饥饿)都归于可恨的坏的母亲。婴儿幻想着友好地接纳好的母亲,而将坏的母亲狠狠地扔掉,也许最初是想通过尖叫和呕吐来摆脱她。在克莱因的图示中,天使般的母亲因为被爱而看起来更可爱,相反,噩梦般的母亲因为婴儿的仇恨和幻想中的攻击而变得更加可憎。这些生动的、对立的母亲形象也许是怪诞的传说和神话故事的最基础的来源。在这一章的前面部分也提到过原始的幻想。

克莱因把嫉妒看作一个特别的因素,婴儿有时恨的不仅仅是坏的、令人沮丧的乳房或母亲,他也会恨好的、有营养的、但却不能占有和控制的乳房和母亲。在克莱因看来,那些有强烈的嫉妒倾向的人是很不幸的,他们的嫉妒心通过剥夺而进一步恶化;而另一些人会觉得生活较容易,因为他们有着更强的享受和感激的能力——克莱因视嫉妒和感激为人格层面中的动力性对立

第二章 精神分析理论基础

面（Klein，1946b；Roth & Lemma，2008）。

在早期的偏执分裂态中，儿童的原始幻想可以看成是临时结构与现实的第一次接近，这种结构被连续不断地向外部世界投射，并接受现实的检验，然后以修改过的形式再次返回内心。如果一切顺利，极端的幻想将遇到普通的现实，并逐渐被修改。孩子开始渐渐察觉到他有一个可爱但却并不十分完美的立体的母亲，并且开始体验到负疚感，开始关注自己在现实和幻想中针对母亲的攻击。从而开始了第一次的抑郁状态，两个母亲的印象被糅合到了一起，于是母亲开始作为一个整体的、更复杂的人被感知到。受虐的儿童完成这个过程会有很大的困难，因为他的环境倾向于肯定他坏的幻想。他不是把对立的两个印象糅合在一起，而是被迫加倍地分裂，以便能够将一些好的印象保留在某个地方。

无论在儿童期或是其他时期，抑郁状态的出现绝不是只此一次。在压力下，我们有规律地失去抑郁态而退回偏执分裂态，然后不得不一次又一次地恢复它。每一次前进或每一次挑战都会再一次激起好与坏之间的分裂，再一次使偏执的警觉性与敏感性达到一定程度，并再一次激起理想化和谴责的倾向。对一些体验进行修通，使某种必然和自以为是的状态得以缓解，于是能够允许出现更复杂的、更富于同情心的情形，包括可以面对自己的失败。这一工作与哀伤密切相关。克莱因强调，**修复**（reparation）的重要性，修复自己由于恨而给所爱的人带来的伤害（想象中的以及现实的）。每一次哀伤任务的完成、抑郁态的回归，通过这些修复工作，都会使人格便得到一次加强。

> 当玛珏丽年老的父亲在家因中风孤独地去世时，她对父亲的全科医生最近几个月都没有拜访父亲而感到愤怒。她满脑子都是对医生自以为是的批判，觉得医生懒惰且疏忽，害了无助的病人。接下来的几周，她的愤怒减轻了，这回却被痛苦压倒了，同时对自己没有经常去拜访父亲而感到内疚。接下来又过了几个月，她记起了父亲曾经多么的艰难，怎样常常拒绝帮助，而父亲的独立又如何是他力量和骄傲的一部分。在哀悼父亲时，她思索了这些年她对他的愤怒和对他的爱；他们互相都曾经尝试尽力去做到最好。

失去父亲后，玛珏丽最初陷入愤怒和被迫害的状态（偏执分裂态），用极端好或坏的方式来看待事物，自以为是地与正直的好人联盟、反对完全坏的人。当她哀悼父亲时，她就能放弃起初导致她满腔愤怒的、对事情武断的看法，从而感受到了悲伤，也明白了环境的复杂性。她的内疚和自省引导她修复内在世界；最终，她能够用现实的爱的方式保留她内心里对父亲的记忆。

克莱因认为达到抑郁状态与俄狄浦斯情结的修通密切相关。现在的（或过去的）父母关系把我们排除在外，想要对这一事实进行妥协，要求我们接受他人是在我们的控制之外的。我们都会有觉得自己是世界的中心、觉得自己强有力、不需要任何人帮助的幻想。尽管如此，还有三个无法逃脱的"生活事实"，（Money-Kyrle，1971）即：我们不是自我创造的，而是一对伴侣的产物；我们依赖于他人来喂养我们；这样的时期是有限的。查舍古特－斯密盖尔（Chassegute-Smirgel，1985）同样指出，我们不能同时属于两个或更多的性别或年代，尽管我们试图否认这样的区别。接受这些基本事实，意味着放弃自恋的、唯我独尊的和永不灭亡的世界观；在这些基本事实里，自己是中心人物、他人是某人的财产，这样的观点都将被放弃。

当我凝视着生我养我的那两个人，看着他们能够各自独立、无须相互依赖地存在时，我也不得不面对这样的想法：即自己被自己无法控制的其他心灵所打量和思考（Britton，1989），在这个世界上，过去有、现在也有某些地方，我永远都无法占领。这些地方不仅仅存在于时空，而且也存在于其他人的私人精神空间里，在那里我不可能成为其中一部分。完全承认这一点，以及对全能感丧失的哀伤，有助于形成我自己内在的优势，从中我能反思我自己。我需要这个空间，才能够观察和反思自己和他人的现实，如果我缺少这个空间，将极大地阻碍我思考和了解真实的世界。

梅兰妮·克莱因的作品有时更容易通过二手资料首次获得（如Segal，1973；Hinshelwood，1994；Bronstein，2001）。

促进性环境：唐纳德·温尼科特（Donald Winnicott）

尽管所有精神分析的传统都将个体视为自然与养育的复杂产物，但一部分人将重点放在发展的先天因素上，而另外一部分人则更关注对环境影响的理解。

儿科医生、儿童精神病学家和精神分析师温尼科特对克莱因的观点很感兴趣，后来他的思想渐渐背离了克莱因的观点，他更加关注母性环境和自体的出现，而较少注重爱和恨之间的个体冲突（见 Winnicott，1958，1965）。波尔米尔（Polmear，2008）对克莱因和温尼科特的某些理论和临床理念进行了比较。温尼科特通过对母亲和婴儿的大量观察，以及对严重失调的退行性病例所做的分析，从而发展出了自己的思想：有关精神生活的开始以及自体出现的理论。他著名的陈述表达了他理论的出发点，"没有任何事物能像一个婴儿这样——意思是，如果你打算描述一个婴儿，你会发现你将要描述的是婴儿和某一个人"（1964:88）。

在怀孕的最后时期，母亲通常进入一种**原始的母性灌注**（primary maternal preoccupation）阶段，这种原始的母性关注将持续至婴儿出生后的最初几周。在这段时间内，她对自己的自体、她的身体和她的婴儿变得相当敏感，并对外部世界的兴趣减退。在这一敏感性的状态里，一个**平常慈爱的母亲**（ordinary devoted mother），有时被称作**足够好的母亲**（good enough mother）直观地回应婴儿的需要；按温尼科特的话说，这是一种**自发性的姿势**（spontaneous gestures）。所以当饥饿的新生儿的姿势是朝向母亲的胸部时，足够好的母亲的直接反应就是提供乳房和乳汁。这样婴儿就能体验到一种自然的**神奇的全能**（magical omnipotence）状态，由此在婴儿的大脑中，"创造了"乳房和他的愿望在一起的联系。

在这一个阶段，婴儿只与能满足他本能冲动的客体——**本我**

母亲（id-mother）发生关系，而没有意识到对他的需要做出反应的**环境母亲**（environment-mother）的存在。温尼科特深信，这个阶段相当重要。随着时间的演变，真实的母亲渐渐需要让婴儿无所不能的幻想破灭，这样他才能开始将"我"和"非我"、内部与外部加以区分。随着这种区分工作的逐渐进行，一个第三方的"过渡空间"会出现。作为中介，它使得从幻想和无所不能到参与现实的转移得以实现。过渡空间同游戏、象征的产生密切相关。许多儿童都有**过渡性客体**（transitional object），这能让他们保留母亲的气味或获得同母亲的慰藉相联系的感觉。他拥有过渡性客体并与之游戏，直到他对它已不再需要而逐渐将之抛弃。

当婴儿用身体攻击母亲时，母亲并没有被摧毁，婴儿的幻想渐渐破灭，婴儿的"我是谁"（"I am"）的状态开始出现。婴儿开始利用他的母亲，她现在在他（婴儿）的外部，是一个能够帮助、保护和喂养他，跟他一起游戏的，他可以依赖的母亲。在婴儿领会这一现实概念的发展阶段中，母亲需要为婴儿提供一种心理连续性，这种连续性从足够好的母亲的可预见性与稳定性中可以获得。

母亲角色的一个关键要素，温尼科特称之为**抱持**（holding）。慈爱的母亲在自己内心对婴儿保持移情性抱持，同时在心理上和身体上安全地、非强迫性地呵护着她的婴儿。在这种良好的环境中，婴儿**真实的自体**（true self）得以发展。如果环境母亲以情绪或躯体攻击来回应婴儿的需求，而不是用接纳和负责任的态度加以应对，情况严重时，则会导致虚假的成熟和**假性自体**

（false self）的发展，脆弱的真实自体的防御便成为个体的人格。抱持的失败，使得自体整合的发展受到阻碍。温尼科特推断，一个人**蜷缩在躯壳内部**（dwelling-in-the-body），感受现实是不可能的，于是会导致与精神分离或易感心身疾病。

温尼科特认为：自体所有的障碍，包括成人（婴儿）精神疾病和自闭症，都可以视为**环境缺陷障碍**（environmental deficiency disorders），是由于养育的母亲或看护人不能提供**促进性环境**（facilitating environment）而引起的。有一点很有意思：尽管温尼科特如此强调母亲的作用，但他也提到并写到在婴儿生活的最初几周里，父亲角色的作用。父亲的作用在于，在原始的母性关注阶段，支持母亲，并与之一起应对外部世界，从而支持母亲和婴儿这一共生体。

常有看法认为温尼科特低估了攻击的作用，将攻击的产生仅仅与环境中的缺陷联系起来。事实上温尼科特关于攻击和恨的观点很复杂。最早的例证是，婴儿先天的攻击性在婴儿的肌肉运动中得以表达，这符合在子宫内部或在母亲臂弯里的表现。它也存在于急切、贪婪的吸吮和咀嚼中。母亲在受到婴儿攻击后能够得以幸存，这一点很重要，这让婴儿认识到，母亲不是他的一部分，不在他的控制之下，因此攻击性是一个重要的发展力量。

温尼科特将情绪激动理解为婴儿对环境侵害的反应，它能够保护真实的自体。假如孩子更加成熟，那么对环境侵害的反应将是"恨"。这种"恨"的情感可以灾难性地压倒一切，尤其当儿童害怕母亲的爱会被他的恨所摧毁时。一旦婴儿发现了这个自己参与其中的现实世界，他就能借助**交叉认同**（cross-identification）或自身能力去思考他人是如何感受的。交叉认同培养了儿童关心他人的能力。只有当客体的分离被认识到时，我们才能认为某个人是**冷漠的**（ruthless）。在婴儿感觉无所不能的阶段，攻击具有奇特的破坏性，温尼科特称这一阶段为**前同情**（pre-ruth）阶段。假如母亲不能应对婴儿对她的攻击，尤其是当她报复这种攻击的时候，所发生的实际的破坏性，就会成为儿童人格中的一个特征。儿童可能通过抑制攻击或将攻击转向自身来对此防御。正是在这一背景中，温尼科特提出，在临床情境中，越具有攻击性的儿童是越健康的。

弄清理论的多样性

对弗洛伊德、安娜·弗洛伊德、克莱因和温尼科特发展理论的简要回顾让我们明白了精神分析内部观点的多样性。弗洛伊德的理论是后来理论发展的出发点，在弗洛伊德工作的基础上或抛开其工作的某些方面，不同的精神分析学派根据他们自己的临床观察独立地对理论进行了延伸和发展。由于人类体验的复杂性和多样性，以及对此做出完全确切表述的困难性，观点的多样性或许是不可避免的，尤其在一个迄今为止只存在了100年的学科内部更是如此：一些差异只是在语言或着重点上，而另一些差异则更具实质性，时间使我们能够发现哪些观点更为精确和实用。在第六章，关于研究的话题将会显示精神分析师是如何在这方面持续努力着的。

依恋理论与精神分析

依恋理论起始于约翰·鲍尔比(John Bowlby)的工作(1958；1959；1960)，其核心思想是：婴儿有着形成依恋、与照料者进行原初互动并为获得探索和发展而把他人当作"安全基地"来使用的生物学倾向。他强调了婴儿的需求，即拥有一种与母亲或照料者的未被阻断的/安全的依恋关系，并证明了幼儿对分离的反应来自于对分离绝望的反抗。鲍尔比的思想与经典的弗洛伊德思想有所不同。弗洛伊德认为，喂养关系由力比多和攻击性的驱力所支配，而依恋则是次于口欲驱力的本能过程。鲍尔比的思想更多地来源于客体关系学派，在这个学派的观念中，婴儿被认为具有对原初客体爱与恨的先天倾向。

从弗洛伊德和那些先驱的精神分析师的发展历史中可以看出，理论上的差异导致了精神分析的分裂和独自发展。从60年代早期开始，许多精神分析师攻击鲍尔比的理论，将其视为生物学的、机械论的，只关注于外部世界而非内在世界的，并且是非动力学的。他因谴责驱力理论、俄狄浦斯情结和潜意识过程（如潜意识幻想）而受到批判。但鲍尔比提出的理论并不逊色于他学习过的经典精神分析理论，这就意味着这两种理论长时间在合适的位置上保持着分歧。因此，直到现在，依恋理论的精神分析价值观和其研究潜力并没有得到与精神分析的整合(Fonagy, 2001)。目前，鲍尔比的思想已被普遍接受，也未被视为具有争议。

30年的深入研究推进了鲍尔比的工作向前发展（见第六章）。现在我们知道，婴儿期的依恋模型影响着心理发展的过程，这一理论至关重要地巩固了人格心理学和精神病理学的研究基础。在安全依恋的关系中，婴儿学会了如何去感觉，如何预测自己与他人的心理状态，而这对他的自我调节和未来的情绪生活而言是重要的发展性步骤。

理解自身以及他人情绪状态的思维活动被称作**心智化（mentalization）**（例如 Bateman & Fonagy，2004a）。心智化是前意识的想象的过程，在这个过程中他人的行为是依照个体当时的心理状态被解释的。心智化的发展遭到阻碍和损害，不仅是因为与原始照料者的分离，也包括情感忽视、严厉、不敏感的照料或侵犯，以及现实中的虐待。这一切都会导致婴儿的情感创伤（也见第八章有关心智化的治疗）。

对心智化过程的了解和对丧失情感反应能力所导致的结果的了解可以帮助一些分析师去定位在分析有早期创伤和发展损伤的病人时，所需的工作水平。大部分人可以感受到情感并能对其进行思考，由此逐渐发展出重要的自我功能。然而对于有早期发展损伤的人来说，他们也许还无法借助一种可信赖的方式来达到这一阶段。在分析中，规则和强大的未加工的经验支配着这类病人。要想帮助这类病人进行整合，必须首先帮助他们去感觉和命名他们的情感，然后去体验这个可以感觉和忍受他们情感的客体分析师，同时这个客体还可以思考这些感觉和情感。

有趣的是，在不同的路径上，依恋理论和精神分析越来越贴近彼此了。依恋理论有助于基于心智化的治疗。依恋的研究也证实了很多精神分析师在咨询室中的发现。也许早期的争论是由于涉及了这样一种理论背景——精神分析是建立在内在世界、潜意识幻想和内在客体关系之上的。而更为外在的基础探索看上去似乎与这种解释背道而驰。然而时至今日，精神分析师们对早年婴儿期的内在和外在世界都产生了兴趣，尤其是它们是如何相互作用的——外在的客体关系如何成为了内在世界的一部分，并通过相互作用成为了人格发展的一部分。

第三章　精神分析简史

西格蒙德·弗洛伊德（Sigmund Freud）1856年生于摩拉维亚（现为捷克共和国的一部分）的弗莱堡村落。他童年后期和几乎所有成年时期的生活都是在维也纳度过的。弗洛伊德一直是一位狂热的亲英派人士，他热爱英语和文学，年轻时曾一度考虑过移民。当他终于抵达伦敦时，正遭受口腔癌恶化的折磨，其情形凄惨而可怕。他也一度固执地拒绝离开家园，直到再也不能否认危险的存在。弗洛伊德晚年的国际声望使得他的朋友们设法帮助他和其直系亲属于1938年成功地逃离了纳粹的统治。

他的财产遭到洗劫，他的书籍被焚毁。在弗洛伊德获准离开维也纳之前，他被迫在一张纸上签字说明他一直受到优待。他在签名旁补充到："我可以将盖世太保隆重地推荐给每个人。"在伦敦，弗洛伊德受到了维也纳从未给予过他的热情。一年之后，即1939年，弗洛伊德与世长辞。幸运的是，他永远不会知道在他之后，1942年，他的4个妹妹：罗莎（Rosa）、玛丽（Marie）、阿道斐（Adolphine）和波琳（Pauline）都死于集中营。

弗洛伊德去世时，精神分析已经成为了一种遍及全球的文化现象。它除了是一门研究和治疗的方法，还是理解心灵活动的一种全新的方式。在维也纳，精神分析始于一个人，随后成为一个由其追随者形成的小组。当它在全世界传播时，其具体应用的形式既取决于当地促使其发展的特殊人群，也取决于它所植根和发展的文化。荒谬的是，纳粹努力扑灭这一"可恶的犹太人实践"的结果只是促使了安娜·弗洛伊德在一封未公开发表的信中（Steiner，2000）所称的"一种新型的大移居（a new kind of diaspora）"的出现。

已经有许多关于弗洛伊德和精神分析的出色传记（如Jones，1964；Gay，1988；Robert，1966）。参考这些资料，本章将基于弗洛伊德的生活史对其思想的发展做出一个宽泛的概述。本章还将简述不同精神分析学派是如何将弗洛伊德思想的不同部分作为其理论发展的出发点的。下一章将会继续介绍在不同文化中精神分析所采取的一些特殊形式。

弗洛伊德从"大脑"到"心灵"的转换

从19世纪80年代后期开始，作为私人神经科医生的弗洛伊德就提出了自己一些关于心灵的发现。维也纳是一座激动人心、有创造性的城市，它深深地吸引着弗洛伊德。但是，这个城市的阶级压迫和反犹文化令他感到愤怒和受到挫败。弗洛伊德不断地接诊那些可能每天都到全科医生那儿去咨询的病人——那些被错误地诊断为有躯体和精神疾病、生活在恐惧和不快乐之中的人们。通常，更多专家级的医生视这些人为无法分类和不可治愈的病人，他们的抱怨不被理会。弗洛伊德原本没有计划从事与病人相关的职业，他最初的爱好是在实验室里对大脑进行研究。但他来自一个贫穷的家庭，实验室的工作收入极其微薄，也无法为他提供任何职业发展的机会。同时，他极其希望能负担得起与恋爱了5年的未婚妻——玛莎·伯蕾斯（Martha Bernays）结婚的费用。1880年初，在他们订婚期间，他几乎每天一封的情书勾勒出了一个男人鲜活的形象：具有激情和占有欲的嫉妒、源源不断的想法、傲慢和自我怀疑的同时爆发、讽刺性的幽默以及不寻常的自我观察能力。

作为一名博学和精力充沛的思想家，弗洛伊德对文学有着浓厚的兴趣。他有着写散文的天赋，在他20岁左右还是一个医学生时，就曾将约翰·斯图亚特·米尔（John Stuart Mill）的一部著作译成德文。那时的医学培训结构还不太规范，弗洛伊德选择花大量的时间同恩斯特·布吕克（Ernst Brücke）一起研究生理学和神经解剖学。布吕克是一位鼓舞人心的老师，也是霍尔海姆茨（Helmholtzian）唯物主义思想学派的信仰者。这一思想学派相信一切生命现象必须（且应该）还原到物理和化学方面。在其他新颖而有独创性的贡献中，弗洛伊德建立了一种用于神经组织显微镜工作的重要染色程序，并继续开展对儿童言语障碍和脑瘫的创新性研究。

弗洛伊德勉强从实验室换到咨询室，使得他的思考重点从"大脑"转到"心灵"上。19世纪时，相对于大脑，身体的其他部分常在相当具体的方面被认为是精神痛苦的原因，部分原因为身体是生动表达精神痛苦的媒介。那时较为普遍地称之为癔症的戏剧性障碍就是一个例证。在弗洛伊德的发现中，癔症起着重要的作用。现代单词"**癔症（hysteria）**"描述的是极端而相当戏剧性的情绪化表现。但这并非其最初的含义，因为这个词既是它本身，也是我们逐步形成的表达痛苦的特有方式，这样的理解在一定程度上要归功于弗洛伊德本人。

  19世纪晚期，癔症病人时常伴有不符合中风或其他已知的神经系统疾病引发的典型肢体瘫痪来看病。这类病人的瘫痪区域与肢体实际的神经支配范围不一致，却符合病人对肢体的精神观点。其他表现包括突然不能说话或看东西，怪异的痉挛或类似于18世纪恶魔附体的症状。癔症在过去和现在都不同于诈病，尽管这些病人常被指责为装病，但他们并不是在"装腔作势"。尽管他们时常出现奇怪的平静，就好像松了一口气，被动地将自己交给家庭成员或医生去照顾，但实际上他们深深地相信自己确实瘫痪了或哑了或看不见了。弗洛伊德假设：他们的症状具有象征性意义，而且是一种微妙的交流。例如，一个癔症性失明的人，他/她的潜意识可能是在说："我无法忍受所看见的一些东西"，潜在的癔症性失语可能是由于病人对可能讲出来那些强大的具有破坏性事物极度恐惧。

  第一次世界大战的"炮弹休克"也是癔症的一种形式。那些在壕沟里打仗、不得不承认已超过情绪极限的男人们有时会崩溃，转入到缄默不语或瘫痪的状态。尽管儿童们仍可能出现这些症状，但当今的西方成人在心理学理解方面已经太过经验丰富，而很少表现出这类症状了。特别值得一提的是，妇女们在自由与独立方面的改变意味着她们能用言语对自己和他人以更直接的方式表达激情、冲突和痛苦。尽管如此，仍会存在着不被允许直接表达压力的情形，因此，癔症的微妙形式仍然会发生。

在医生那里，癔症也总是引起强烈甚至令人痛苦的反应。治疗上的早期尝试是切除阴蒂，在弗洛伊德时代这种方法尚未完全过时。即使第一次世界大战之后，当一些炮弹休克的士兵已经开始受益于多种精神分析的方法［如小说家巴克（Pat Barker）的《新生》三部曲中所述］时，其他因为害怕被枪击而逃跑的士兵仍被施以残酷的治疗，如用电休克刺激缄默或四肢瘫痪的病人，从而尽量迫使他们回到正常状态。再次得益于精神分析的"后见之明"，我们发现，那些遭受创伤及压抑的个体（家庭妇女或士兵）在被推到了极端，且不能直接表达他们的绝望和愤怒后，是如何崩溃的：将强大的攻击性情感以投射给他人的方式表达出来（见第一章）。

当弗洛伊德离开布吕克的实验室时，他是一位神经科医生而非精神科医生。19世纪80年代，那些现在被我们诊断为焦虑和抑郁的症状被认为是退行性脑病的一部分。癔症要么以同样的方法被看待，要么作为诈病而不予考虑。神经科医生使用物理治疗，如电神经和肌肉刺激、按摩以及水疗。同癔症一样，弗洛伊德发现许多在精神和躯体上处于耗竭状态被称为神经衰弱的病人常常是妇女。

患有神经衰弱和癔症的病人可怜地在医生之间来回奔波,使得治疗师常常感到束手无策并失去耐心。相反,弗洛伊德则对这些人充满仁慈,并对这些病例感到好奇。他虽然在处方上推荐常规的物理治疗,但很快他就对这些治疗是否真的有用产生了怀疑。不同于弗洛伊德那个时代(甚至或许对我们这个时代)的医生,他是首个对聆听感兴趣的人,他鼓励病人谈论他们的生活、家庭,并讲述自己的故事。这方面部分来自于他早年的一位重要的导师让·马丁·沙尔科(Jean-Martin Charcot)的影响。

在那一时代,对神经性障碍方面的研究,法国比欧洲其他地方更具思路和深度。29岁的弗洛伊德努力地工作以便争取到6个月的出国奖学金,从而支助他去巴黎桑培忒利医院(Saltpetrière),师从好争论却有着超凡魅力的神经病学家沙尔科开展研究。沙尔科致力于对神经疾病的详细观察和分类,常在众多钦佩他的听众面前展示,癔病症状是如何经由催眠暗示这种纯心理学的方法而得到暂时的减轻或消除的。他认为癔症可由创伤触发,并提示这常涉及性的问题。不过,沙尔科仍坚持传统的观点:主要的病因在于基本的脑的缺陷或变异。对弗洛伊德来说,沙尔科的工作在他的心里播下了种子,并使他认识到:癔症的实质为心理障碍、有着心理上的病因,能够借助心理方法获得彻底的痊愈。通过(沙尔科的)展示,弗洛伊德还发现心理意识能将不想要的想法和感受分离开(dissociation)。

精神分析的诞生

历史在这一时间点上的另一重要线索为弗洛伊德与一位年长的朋友、著名医生约瑟夫·布罗伊尔（Joseph Breuer）的长期友谊与合作。布罗伊尔告诉弗洛伊德，他是如何在治疗一个严重癔症妇女时，和病人一起发现了宣泄的作用。病人（即著名的安娜·O）通过倾诉与症状起源有关的所有想法和近期记忆，而获得症状的减轻和暂时的稳定，她渐渐将其称为"谈话疗法"或"扫烟囱（chimney-sweeping）"。弗洛伊德在这一新想法的启发下，做了一个激进的改变，不再以传统的治疗思路运用催眠，而是建议远离症状。取而代之的是与布罗伊尔类似的试验，在催眠状态下，鼓励病人说出涉及某一特定的症状时他心里所产生的一切念头。当催眠失败时，他就按住病人的前额，采用简单的引导技术，让病人不假思索地详细地说出他脑中的想法，他会持续地运用这一动作，直到病人开始呈现似乎可供理解症状的材料为止。

随着经验的积累，弗洛伊德开始抛弃治疗中的催眠和施压的成分，他越来越发现，仅通过鼓励病人自由地谈话，就能出现他能够信赖的有关症状的重要模式。从某种程度上来说，这是霍尔海姆茨（Helmholtzian）决定论的激进版本、弗洛伊德版本，但仅限于主观世界。弗洛伊德开始相信，神经症所隐含的成分构成了内心深处的模板，它通过一连串的关联想法与精神世界的表面联结起来,这使得真相有机会浮现到表面。弗洛伊德越来越能放弃对病人的控制,要求病人跟随他们自己的想法行事,并直接说出他们脑中所想,现代精神分析的自由联想技术就这样逐步发展起来了。他很快发现,做到这些是多么的不容易,对自由联想的阻抗出现得是多么迅速:"这与此无关,我不想费心去说这些",或"这真是太尴尬、太幼稚了,医生不可能真的想我谈这些东西吧?"一旦弗洛伊德超越了一种简单的宣泄模式,在此模式下,治疗的唯一宗旨为"一吐为快",就如同从疖中放出脓液,他开始发现阻抗的偶然性本身就十分有趣且有意义。他逐渐将阻抗同压抑联系起来,这似乎可以通向某些被症状置换的记忆。

弗洛伊德发现,病人的一系列思绪会习惯性地从围绕症状的现实困境退缩回来,转而指向童年时期的困难及关注点。他也发现病人的联想常犹豫不决又不可避免地转向有关"性"的事情。那个时期的人们(尤其是妇女们)不能谈论性的事情,甚至对医生也不谈。起初,同病人一样,弗洛伊德对事情的发展倾向感到惊骇,但后来他对这一发现显示出了特殊的兴趣。由于弗洛伊德对癔症所持的新观点,且在治疗中运用不可信的法国式催眠技术,使得他在维也纳的医学圈中被视为怪人。他所发展的关于神经症的性起源理论最终结束了他在传统医疗界的前途,到19世纪90年代后期他已基本被医学机构所孤立。

起初,布罗伊尔忠实地支持着弗洛伊德,并同他一起发表了具有里程碑意义的《癔症的研究》(1985)。但布罗伊尔最终拒绝

第三章　精神分析简史

了对有关事情所揭示出的性的倾向的研究，并决定不再进一步与弗洛伊德合作。后来，由于安娜·O一次突然对谦谦君子般的布罗伊尔医生表现出强烈的激情，布罗伊尔断然地终止了治疗。而与布罗伊尔不同的是，当类似的事情开始在弗洛伊德自己的咨询室发生时，他并未被吓倒，也不感到厌恶。相反，他对这一发现下的深层的东西感到好奇。病人不仅渐渐地与弗洛伊德谈论强烈和扰乱人心的记忆、恐惧和激情，而且也在咨询室里与他一起重新体验了这些。过去发生的似乎在此时被重新体验：这时，移情开始引起了（弗洛伊德的）注意。

诱惑假设

弗洛伊德也会特征性地陷入"爱情"之中，从暂时的盲目到变得更为清醒，对人、对发现和理论都是如此。在他近30岁时，由于沉迷于可卡因治疗的可能性而（在开始时）对其成瘾的危险性视而不见，这就是一个例证。在弗洛伊德的一生中，他对一系列年长的男性导师和朋友有着深切的依恋，且有时过度地受到他们的影响。构筑他性格的特点还有：从错误中学习以及随时准备好改变自己内心想法的惊人能力。1893年，在大量病例的基础上，弗洛伊德强烈地确信，癔症通常是病人在儿童期遭到父亲或其他亲人性骚扰的结果。这是因为他在家庭内部、梦、口误、白日梦以及其他材料里找到了越来越多与儿童期性欲相关的资料，使得他重建了儿童和父母之间发生的实际的性接触。

尽管这一发现令弗洛伊德感到震惊,但他仍旧对自己这一想法的前景充满了热情,这一想法能够帮助许多病人,继而令他成名,这样他就能稳定地支撑起自己正在不断扩大的家庭。在他的信件中有一些证据(他在自传研究中也同样提示)显示,他经历过一个对上述观点坚信不疑的阶段,并常以此去影响病人使其相信他们自身。然而,当弗洛伊德通过暗示慢慢远离催眠以及对病人思想的控制,并越来越多地转到真正允许未知和未想到的东西出现时,他意识到自己的理论不总是正确,并对这一理论的确定性开始崩解。1897年他在写给朋友弗利斯(Fliess)的一些信中(Masson,1985),表达了失去一个他投入了如此多精力的理论,他是多么的失望。

儿童期性欲

尽管有论述称弗洛伊德抛弃了所谓的诱惑假设,但这并不属实。他继续相信儿童性虐待确实发生了,而且造成了伤害,他摈弃的是性虐待所致癔症这一过于简单的原因说。通过类似的过程,他也逐渐放弃了其他机械的性欲理论,如:神经衰弱是性欲释放不充分的结果,焦虑是被积压并转换成另一种形式的性张力。在这些类似"水力学的"理论中,他发现了一些微妙和复杂得多的东西。他意识到儿童并不是简单地做记录,也不是被动地对外在发生的事情做出反应,而是经由他们内心世界的兴奋和恐惧的幻想对现实加以过滤和解释。最终,相比于弗洛伊德提醒人们不要再忽视父母的性虐待对子女的伤害，他更大贡献的是帮助我们更清楚地看到"为何它如此具有伤害性"。

弗洛伊德意识到他绝不是第一个向儿童期的天真无邪挑战的人。他的证据不仅来自病人，也更重要地来自他始于1897年并断断续续地持续了整个一生的自我分析。他迫不及待地做着，不仅出于对科学的好奇，也因为父亲去世后他所承受的痛苦。他总是徘徊在亢奋与抑郁之间，丧亲后弗洛伊德陷入了抑郁，他的工作也一度中断，并出现多种心身症状，这个阶段他比以往任何时候都害怕死亡。

梦和自我分析

我们了解到的大部分关于弗洛伊德自我分析的内容来自他与威廉·弗利斯（Wilhelm Fliess）的通信。弗利斯是弗洛伊德一连串那一时期起着重要作用的理想化男性好友之一。他长期收到弗洛伊德的信件，信中流露了弗洛伊德每日的想法和感受。弗洛伊德决定用他的梦作为进入自己神秘内心世界的最佳起点。他当时的许多梦被写进他的主要著作《梦的解析》（1900）中。他试着对这些梦进行自由联想，与他要求病人所做的一样：尽其所能地跟随自己的思路，努力不去避开那些表面上荒谬、令人震惊或痛苦的内容。

弗洛伊德以他独特的方式坚定地探索着这一事业。一方面，弗洛伊德需要对在与病人的工作中所产生的理论加以验证并将其作为新的资料来源；另一方面，就个人而言，他发觉这种方法可以减轻他自己的痛苦。值得注意的是，弗洛伊德针对自己的梦的自由联想工作是在前弗洛伊德时代完成的，而这些得益于他的工作才发现的东西现在看来似乎差不多是常识了。通过对梦的自由联想许多碎片状的童年记忆和感受出现了。例如他发现（伴随着震惊和好奇的独特情感的混合），他的新兴理论俄狄浦斯情结也适用于他自己。童年期对母亲隐藏的热烈情感以及想杀死父亲的愿望，在父亲去世后，令他感到难以承受的内疚、以及对（与现实不相符的）自身即将来临的死亡的恐惧。他逐渐被那些伟大作家们的观点所吸引：从索福克勒斯（Sophocles）到莎士比亚（Shakespeare）无不是以艺术的方式，如用俄狄浦斯和哈姆雷特的故事，将人类基本真理中的潜意识知识加以表达。

自我分析不可能达到被他人分析那样的深度，因为一个人自身有太多本质上只能由他人才能观察到的东西。然而通过使用自己的梦，弗洛伊德给了自己发现某些未知事物的最好的机会。正如我们在第二章中所了解的那样，梦是入睡时的一种思维方式，这些思维能够摆脱审查、更少具备理性和系统化组织，这些梦怪异却充满着意义的并置和象征性图像，通过预想不到的方式，将现在和过去联系起来。在分析这些梦时，他们常常比谨慎和内疚的自我更聪明和幽默。这些梦常常表达了我们真正的感受、思考和希望，而对人的意识自体来说，这些内容常令人感到震惊、荒谬或不合口味。

在世纪交接前后的那几年，弗洛伊德继续进行自我分析，并积累了许多不同病人的治疗经验，那时他处于一个富于创造性的阶段。他不仅建立了关于梦和儿童期性欲的理论，也建立了涉及这些广泛变化的主题，诸如不同神经症机制和玩笑本质的理论。这一时期，他写了一本值得一读并吸引人的书《日常生活的心理病理学》（1901）。与对梦的机制所进行的清楚描述一样，弗洛伊德对我们制造的许多种口误进行了准确的描述，这些描述打开了进入潜意识心灵的窗口，使人不得不信。我们已在第二章了解了这样一些例子。弗洛伊德说明了正常和病态是如何常常在程度上而非种类上表现得有所差别。我们都使用神经症机制保护着我们内心的平和与精神的平衡（psychic equilibrium）。弗洛伊德后来的这些发现几近成为了我们文化的一个共识。

早期学术圈

这一阶段弗洛伊德大部分时间都是独自工作，只用书信和交谈的方式在朋友和同事的小圈子内讨论一些观点，并在大学对少数听众做每周一次的讲演。他开始准备发表自己的新观点，尽管在奥地利以外，人们开始表现出对这些新观点的一些兴趣，但在当地这些观点经常遭到冷遇和敌意。弗洛伊德也关注他日益壮大的家庭，虽然在他的公开作品中他会保护家人的隐私，但从他的信件中可以看到他对自己的6个孩子是多么感兴趣，孩子们的梦会时常作为例证出现在他的作品之中。

20世纪初的几年里，当地的一小圈同事开始聚集在弗洛伊德周围并举办一些会议，这便是日后的维也纳精神分析学会的前身。这些会议每周三在弗洛伊德的接诊室中进行。另一些人则开始对精神分析进行临床实践，并将其成果纳入到日渐庞大的知识体系之中。而来自远方的访客也开始加入其中，德国的亚伯拉罕（Karl Abraham）和匈牙利的费伦奇（Sandor Ferenzci）都于1907年完成个人的首次造访。威尔士的欧内斯特·琼斯（Ernest Jones）在伦敦正式确立精神分析并成为弗洛伊德传记的作者，他于1908年首次造访维也纳。弗洛伊德对苏黎世的一些医生表现出的兴趣感到由衷的欣慰，荣格就是其中之一。弗洛伊德被荣格所吸引，荣格也成为他另一位亲密知己。

荣格及其同事是第一批想严肃研究精神分析的非犹太人，这对弗洛伊德来说很重要。早期的精神分析师都是犹太人，反犹太主义有时引发了对新思想的激烈反对。精神分析在早几年掀起了一股公众狂热。尽管人们对这些观点充满了钦佩和热忱，可是当提出有关儿童期性欲的精神分析观点时，听众冲出科学会场的情况并不少见。琼斯的报告提到，在1910年汉堡的神经病学学术会议上，威廉·怀格兰特（Wilhelm Weygrandt）在桌上猛捶一拳并吼道："这不是科学会议上该讨论的主题，这是警察的事！"问题并不在于精神分析有关性欲本身的主题太多（我们必须承认它们具有科学的意义和重要性），而在于弗洛伊德通过他的临床工作打破了正常和性倒错之间、成人性欲和所谓的儿童性纯真之间的界限。

冲突和异议

他人对新观点的异议，以及早期精神分析师坚持这些新观点所需的勇气和毅力，可以帮助我们理解萌芽期的精神分析的建立为何要否认那些从根本上与弗洛伊德背道而驰的追随者。这些观点太新颖、太曲高和寡、且在当时受到太多强烈的攻击，以至于早期的精神分析师必须以强硬的姿态来保护它们。通常，这使得遭到围攻的先驱者们觉得，似乎他们中的一部分正通过放弃重要的精神分析信条——潜意识心理过程的存在、阻抗现象和儿童期性欲及俄狄浦斯情结的存在——而屈服于自身和公众的阻抗与厌恶。否认、撤除或限制任何一个信条似乎都会摧毁这些新发现，从而退回到更安逸更熟悉的心理学中去。

充满激情的弗洛伊德没有掩饰他的偏爱，他十分渴望那些如兄弟和儿子般忠实于他的同事和学生。身为一个运动的奠基人，他的地位要求他去分析许多他的追随者，了解他们内心最深处的秘密，同时这种地位也会引起正性和负性的强烈移情。传记作者们也曾推测，一些早期的追随者是一些不稳定的、有天赋但也有问题的人群，正如我们所知，他们同样都被能够解释和缓解其不幸的学科所吸引。

年轻而精力充沛的荣格起初受到弗洛伊德的喜爱，并视其为"儿子和继承人"。而当荣格偏离弗洛伊德的原义，将儿童期性欲的观点作为符号而非文字进行彻底的改动，并日益为神秘的、宗教的观点所吸引时，弗洛伊德对他感到了失望。当然此时要公正地评判被称之为**分析性心理学（analytical psychology）**而非精神分析的荣格思想及其实践的深度与复杂性是不可能的。试图把握弗洛伊德和荣格之间早期的基本分歧的一条途径是，弗洛伊德认为心理学最终源于生物学，其衍生于达尔文曾描述过的进化力量。人类可能创造了各种各样的神秘的和宗教的思想，他们可能会产生原始的和不成熟的信念与仪式，或产生最上层社会的艺术和文化的发展，但潜在的这一切都是基于身体的激情，这些激情都受到升华或防御的影响。

相反，荣格相信有超越人类体验的"更高"或神秘的力量，他的追随者用一种极其不同于弗洛伊德的方式使分析过程和关系概念化。比如荣格逐渐将移情看成是比投射系统更需要被理解和被解释的更神秘的东西。如今荣格心理学的分支以这一方式保留了"经典的"荣格学派（"苏黎世学派"），同时以"发展学派"（Alister & Hauke，1998）闻名的其他荣格学派的思想和著作在许多方面都倾向于同当代精神分析师的思想和著作相结合。

荣格和弗洛伊德最终于1913年决裂，早期的维也纳追随者阿德勒（Alfred Adler）在此前两年已经同弗洛伊德决裂了。他同荣格一样回避性欲的重要性，也开始或多或少摈弃潜意识过程的观点；意识心理在心理学传统中的第一位置又得以复原。对阿德勒而言，神经症基于先天的攻击、"权力意志"以及因自卑感而过度补偿倾向之间的交替变化。他的**个体心理学（individual psychology）**以将自我和攻击的意识力量放在首位为基础。弗洛伊德起初对阿德勒和荣格的观点都很感兴趣并鼓励其发展,但问题是,最终似乎两种新理论都替换并摈弃了、而非丰富和深化了弗洛伊德原有的理论。

弗洛伊德发展中的观点

弗洛伊德的思想在他写作精神分析的40年间经历了许多变迁和发展。但仍遗留了许多相互矛盾和不严格的推论,很多术语仍不清晰,或在意义上又有所发展,新的理论覆盖了未被完全摈弃的旧理论。尽管后来的脚注对其早期著作进行了更正和扩展,但总的来说,弗洛伊德还是过于渴望表达新的发现和观点,以至于没考虑那些过于担心术语含糊性的后期学者,以及那些抓住术语不一致性不放的批评者。

弗洛伊德的很多思想经受住了时间的考验,无须进行修改或重构;而另一些思想要么需要被彻底地摈弃,要么需要做很大的修改。要阅读一个世纪以来的弗洛伊德的作品,我们常常不得不以现代的机械的科学观点来克服一些语言上的困难。弗洛伊德著作的斯特雷奇英译版(Strachey)也给英语读者制造了一些不必要的障碍,因为这个版本用了一些笨拙的和伪科学的术语来取代最初德文中更易唤起的和开放式的术语。弗洛伊德有着广泛的兴趣和热情,他记录并描述了自己的某些病例如"杜拉(Dora)"(1905a)、"鼠人(Rat Man)"(1909a)、"小汉斯(Little Hans)"(1909b)和"狼人(Wolf Man)"(1918),也写了一些精神理论和临床的技术理论，并考察了基本的心理过程是如何通过艺术、团体现象、神话和宗教来加以表达的。

弗洛伊德的心理基本工作模型在几年间取得了可观的发展。他会发现某些观点被新的现实数据所颠覆，当这些新数据到达一定的极限，就会将他的想象引入一个更复杂的新观点。从1880年到1897年，他的第一个模型是一个性创伤导致记忆与情感阻断的简单模型，这些被阻断的记忆和情感如脓疱一样需要被释放；第二个模型则在概念上更加丰富和复杂化，更多地将重点放在心理自身的创造能力上。弗洛伊德不只是记录和处理外部事件，他逐渐将人类视为居住在一个不得不去应付的有着丰富欲望和幻想的世界之中，他们受到内部所有原始冲动和愿望的驱动，以便能在真实的世界里生活和工作。

最后，如第二章所述，心理定位（拓扑）理论和结构模型得以发展。结构模型中（Freud,1923）有关自我和超我的观点认为"个体运用自身的权利与他人发展关系，而非客体仅为宣泄对象"，这一观点逐渐在弗洛伊德的思想里变得越来越重要。这标志着当时被分析师笨拙地称为"客体关系"理论的开始，而非简单的驱力理论的重申。关注点开始转向驱力的客体，以及我们对与他人发生关系的天生需求，而非释放张力本身的需求。随后我们才会在头脑中出现重要他人的内在表象，这些他人是我们主动在内心带着重要的心理定势与之发生关系的人。

这样，在弗洛伊德的新模型中，超我在逐渐内化的父母（源于他们现实中的父母以及更广阔的社会）的道德约束中形成，超我也有以牙还牙的特点,比如儿童针对这些所爱之人的攻击性冲动。一个人超我的内在体验可以在无任何他人在场时发挥重要的影响。这就让我们明白了为什么会存在那些弗洛伊德经常观察到的无意识内疚,正是这种无意识内疚导致了人对取得成功所进行的自我破坏。

弗洛伊德对两种情况进行了对比:哀伤和抑郁(mourning and Melancholia),或现在所谓的抑郁(Freud,1917a)。一个人对某人,如配偶,非常依恋时,会以一种模糊而充满矛盾甚至敌意的方式来表达。当配偶离开或去世时,他(她)的哀伤会特别难以表达,以至于难以忘怀。取而代之的是,他们会将这种情感"纳入"到自体内部,关系中未完成的事情将会在自体内继续。此时将会出现令人感到痛苦的自我谴责,在潜意识中,这实际上是针对那个已经离开的、令人失望但现在却已内化变成了自体的亲密对象。已经被证实的是,这一模型对于理解抑郁者愤怒的自我谴责是十分有效的,弗洛伊德(1917a)的这篇论文也被广为传阅。

在弗洛伊德思想中的整个定位(拓扑)和结构阶段,攻击性冲动和欲望的出现显得越来越重要。弗洛伊德努力地推敲攻击的去处,并对之进行全面的、不同的阐述。它是性的一种固有成分吗?它与自我保护有关吗?它在本质上属于一个不得不被置于控制之下的毁灭性冲动吗?弗洛伊德关于人类本质的悲观主义思想随着第一次世界大战的阴影而来(Mitchell & Black,1995),将他固有的政治哲学语调从卢梭理论转到更阴郁的霍布斯哲学理论语调。他最后仍有争议的论述是：我们所有的人都存在着所谓**生的驱力**(life drive)（生"本能"并非德文"Trieb"——驱力的恰当翻译）和**死亡驱力**(death drive)之间的终身冲突。生的驱力驱向着团结、成长和创新，而死亡驱力代表一种朝向放弃奋斗、转向分裂和沉寂的天生倾向，特别类似于身体系统中"熵"的观点。这样，攻击被看作为了保护个体，将死本能这一危险而致命的力量的外移。

关于弗洛伊德的死亡驱力的观点存在着许多争论和怀疑，尤其对于其生物学上的必然性。还有人指出：将攻击和毁灭在各方面等同起来毫无意义，因为攻击性是一种广泛而复杂的实体，能明确地服务于健康和疾病。克莱因（Melanie Klein）以极大的热情疯狂地吸纳了摄取了弗洛伊德的这一观点，是他的主要追随者，因为这一概念似乎让她理解了她的一些临床发现。当代的克莱因学派常将生的驱力和死亡驱力作为一个临床概念辨证地使用，他们察觉到，基本的人际冲突存在于以爱为基础的对他人的认识、理解和接触（不管这一接触可能是多么的令人恼火）与对他人的本质差异和他者独立的明显基于愤恨的虚无主义的反对之间。死亡驱力极力否认所有想法和感受引发的干扰；它是生命自身连续性的对立面（与此有关的一篇很好的临床论文见 Segal，1997a）。

一些关键的"历史"人物

为了要完成精神分析简史，我们会简要介绍一些关键的"历

第三章 精神分析简史

史"人物（一些人仍然健在），他们出生于19世纪末和20世纪初。在本书的其他部分会更为详细地提到这其中的许多人以及他们的观点。名单按出生顺序排列，在此显然不可避免地具有强烈的选择性，也主要偏向于精神分析在英国的发展情况。

桑多·费伦齐（Sandor Ferenczi, 1873—1933）

费伦齐是弗洛伊德早期的追随者，出生于匈牙利，他因在临床日记中记录了对分析界限的试验而闻名（Dupont, 1995）。他对环境创伤在精神病理学中所起的作用尤为感兴趣。

卡尔·亚伯拉罕（Karl Abraham, 1877—1925）

亚伯拉罕创立了德国精神分析学会，他是一位杰出的临床观察者，英年早逝。他是梅兰妮·克莱因的第二位分析师，亚伯拉罕对原始的以及精神病性的心理过程的观察（Abraham, 1924）在克莱因的工作中得到了进一步的发展。

欧内斯特·琼斯（Ernest Jones, 1879—1958）

威尔士人琼斯在伦敦创立了精神分析，他是弗洛伊德的官方传记作者，同时也是弗洛伊德的朋友，并长期与其书信往来。他帮助弗洛伊德在生命的最后时刻抵达伦敦的安全区。几十年来，琼斯是英国精神分析界的主要政治人物。他的科学观点同弗洛伊德有所分歧，如在关于女性性欲的观点上。琼斯对克莱因的观点很感兴趣，并鼓励后者在伦敦定居。

梅兰妮·克莱因（Melanie Klein，1882—1960）

克莱因由于受到弗洛伊德早期作品的鼓舞，在1928年来到伦敦之前，首先在布达佩斯接受了费伦齐的分析，随后在柏林接受了亚伯拉罕的分析。与安娜·弗洛伊德一样（见下文），她直接对儿童，包括一些很小的幼儿进行工作。当早期的分析师还只习惯于从对成人的分析工作中推断儿童期的精神生活时，克莱因就已经开始对那些不安的儿童进行直接的观察，看他们是如何借助游戏来表达他们最深层的恐惧和幻想的（Hinshelwood，1994）。在一些重要的方面，克莱因扩展了弗洛伊德的发现（包括关于死亡驱力的观点）。克莱因的工作存在着争议，这导致了20世纪40年代英国精神分析学会内部的危机（见第四章）。

安娜·弗洛伊德（Anna Freud，1885—1982）

1938年安娜·弗洛伊德作为难民同父亲一起来到伦敦。她既接受了教师的培训也接受了精神分析师的培训，和她的父亲不同，她的分析对象是儿童。她对分析性发展理论的贡献既来自于她对父亲理论的投入（尤其是关于精神结构理论），也来自她与儿童工作的直接体验。在第二次世界大战期间她建立了汉普斯特德（Hampstead）战争托儿所，将其提供给因为战争而与家庭分离的儿童居住；这些托儿所是富有创新性的，如他们强调尽可能地保留儿童对父母的依恋，给予孩子另一个稳定的依恋对象。安娜·弗洛伊德及其共事者对许多儿童保健领域（如社会保健和法律方面)都产生了深远的影响。安娜·弗洛伊德将对儿童详细观察的艺术教授给了年轻的共事者,他们之中有些人是难民,她还让他们将这些观察生动地记录下来(A. Freud,1944)。1947年她与一所临床和研究中心一起创建了一个有关儿童精神分析的培训,这一培训以汉普斯特德儿童治疗课程和临床教学(Hampstead Child Therapy Course and Clinic)而闻名,在她去世后这个中心被重新命名为安娜·弗洛伊德中心并继续提供临床、研究工作和培训。

詹姆斯·斯特雷奇(James Strachey,1887—1967)

詹姆斯和他的妻子阿力克斯·斯特雷奇(Alix Strachey)跟精神分析及"布鲁姆斯伯里"派有着部分的联系,詹姆斯是利顿·斯特雷奇(Lytton Strachey)的兄弟。当阿力克斯在1924—1925年远赴柏林接受亚伯拉罕的分析时,她和詹姆斯之间的书信往来让我们看到了那个时代分析文化的迷人之处(Meisel & Kendrick,1986)。詹姆斯·斯特雷奇是弗洛伊德著作英译版的主要翻译者。他于1934年写了一篇创新性的论文,关于他对精神分析如何起作用的认识(Strachey,1934),这篇论文直到今天仍经常被提及。

罗纳德·费尔贝恩(Ronald Fairbairn,1889—1964)

费尔贝恩是**客体关系理论**发展的关键人物,这一理论的发展将弗洛伊德理论中驱力释放和寻求快乐的重点转移到主要将人看作关系的寻求者。费尔贝恩和克莱因的思想在早期有一些相似之处，克莱因借用并修改了费尔贝恩的人的"分裂"模式的观点。在费尔贝恩看来，内部世界不是由天生幻想（这种幻想从一开始就影响对外部现实的理解）所组成，而是一种对外部关系中不可避免的未满足体验的替代和补偿，内部世界由此而发展起来。费尔贝恩把母亲的冷淡（比如由抑郁引起的）视为对婴儿的显著性创伤。孩子会感到他不是用恨（抑郁反应）就是用爱（分裂样反应）破坏了母亲的感受。（见 Bonald Fairbairn，1952）。

海因茨·哈特曼（Heinz Hartmann，1894—1970）

哈特曼是一位来自维也纳的难民，后定居纽约。他和克里斯（Kris）及勒文斯泰因（Loewenstein）一起创立了精神分析的自我心理学（ego psychology）学派，这一学派大约在20世纪80年代以前统治着北美精神分析（见第四章）。如米切尔（Mitchell）和布莱克（Black，1995）所提出的，在弗洛伊德像一位考古学家一样去探究人类内心埋藏极深的关于婴儿性欲和攻击性的遗留物时，像哈特曼这样的追随者开始对弗洛伊德未发掘且搁置一旁的更为普遍的精神生活的特征产生了兴趣。哈特曼的工作重点主要放在自我上（自我的结构、防御和对现实的适应）并将精神分析大大地拓宽，使之与传统心理学的相关部分重叠。哈特曼将弗洛伊德对做梦和寻求快乐、最后被迫面对不受欢迎的现实的婴儿观点彻底改变为决意寻求对环境的适应的生物观点。

唐纳德·温尼科特（Donald Winnicott，1896—1971）

作为一个儿科医生，温尼科特将他多年的经验和观点带入到精神分析之中。起初，他深受克莱因的影响，后来他形成了自己关于婴儿和儿童发展的独到见解，较少专注于内在的幻想生活，相比克莱因，温尼科特对环境的影响给予了更多的重视。关于个体发展中恨和攻击的起源以及作用，温尼科特和克莱因在观点上存在着显著的差异。温尼科特的许多观点是关于**过渡性客体**（transitional object）和**过渡性空间**（transitional space）、**抱持环境**（holding environment）、**足够好的母亲**（good enough mother）、**真自体和假自体**（true and false self），已在第二章详述（Winnicott，1958，1965）。

迈克尔·巴林特（Michael Balint，1896—1970）

巴林特1938年从布达佩斯来到英国，曾同费伦齐一起工作。他是个活跃而独立的思想家，对于精神分析观点和其他学科的交融与相互渗透很感兴趣。他因与一般从业者的小组工作而出名（"巴林特小组，举例见第七章"）。不论会谈多么简短，在小组中，他都会帮助全科医生了解并检验医患关系（Balint，1957）。巴林特也同深度失调的病人一起工作，并创造了**基本错误**（basic fault）（Balint，1968）这一术语，指的是深层次的非整合性精神剥夺。

威尔弗雷德·比昂（Wilfred Bion，1897—1974）

比昂在克莱因那儿接受分析。在第二次世界大战中，他作为军队的精神病医生进行工作，其早期的精神分析发现是关于在士兵中首先观察到的小组过程。"北地试验（Northfield Experiments）"涉及运用小组工作对士兵进行创新性的精神康复（Bion，1961）。后来，比昂继续同精神病人进行工作，并对正常个体和精神病个体的原始精神过程以及思想性质做出了创新性发现。他对母性（和分析性）**容器**（containment）的描述是对克莱因理论的一个重要补充，表明环境是如何与个体的人格和内部幻想相互作用的。比昂经常勤奋阅读，他的一些更易理解的论文收集在《第二种思维》（*Second Thoughts*）之中（Bion，1967）。

玛丽恩·米尔纳（Marion Milner，1900—1998）

米尔纳在20世纪40年代早期接受分析性培训之前，已经发表了几本有影响力的书，第一本为《一个人自己的生活》（*A Life of One's Own*）（1934），该书基于她内心体验的日志以及释放自己潜意识想法的尝试而写成。米尔纳在培训期间接受佩尼（Sylvia Payn）和温尼科特的分析，成为独立小组中一名有影响力的成员。她为美学和创造性领域做出了贡献，这些贡献中的一部分通过研究她自身的艺术创造性和对此所遇的阻碍而得以形成（收集的作品见 Milner，1987）。

约翰·鲍尔比（John Bowlby，1907—1990）

鲍尔比在英国学会接受培训，借助他对儿童与父母间的依恋和丧失的观察工作为精神分析和性格学之间建立了重要的联结（Bowlby，1969，1973，1980）。尽管鲍尔比从分析工作转移到性格学的研究，他遗留下来的知识仍然对保持精神分析与外部可见内容以及人类作为哺乳动物的特征的联结很重要。他的工作为许多客体关系理论的观点提供了科学的支持，成为了依恋理论发展、研究以及对边缘型人格障碍进行治疗性干预的基础（见第六、八章）。与其他理论相比，其重要的社会意义在于他强调母亲和儿童提前和延长分离期的创伤性影响（如在住院期间）。

赫伯特·罗森费尔德（Herbert Rosenfeld，1910—1986）

罗森费尔德是一名执业医师，1936年他从德国移民到伦敦以逃离纳粹的迫害。他对理解和帮助精神病院中的精神病人很感兴趣，但他当时却无法帮助他们。他意识到精神病中器质性过程的重要性，并发现对病人如何思考和认识世界的准确理解和共情常能缓解病人的疾病。他接受了克莱茵的分析，并同西格尔和比昂一道，从克莱因理论观点出发，发展了对精神病的心理理解，以及对人类心理上的异常原始过程的理解，这些都是他的开创性贡献（Rosensfeld，1965）。他在**人格病理学结构**（pathological organisations）方面的工作也受到关注（Rosenfeld，1987）。作为在英国本土和海外都受人欢迎和有献身精神的教师，他对战后德国本地精神分析文化的修复也做出了巨大的贡献。

贝蒂·约瑟夫（Betty Joseph，b.1917）

约瑟夫是从社会工作转到精神分析的，像许多精神分析师一样她受到与母亲和婴儿一起工作的影响。她对克莱因的观点很感兴趣，是英国发展后克莱因学说的主要人物之一。她工作的主要领域是关于临床技术。她尤其对在每时每刻的临床互动中，人类错综复杂的内心世界是如何被显现出来，从而获得理解并逐渐得到转化的这一主题很感兴趣（Joseph，1989）。

汉纳·西格尔（Hanna Segal，b.1918）

西格尔在波兰出生并接受了医学培训，但在纳粹侵占波兰之初，她和父母就从巴黎逃到英国。与比昂和罗森费尔德一样，她对有关精神病的精神分析理论的贡献开始于她在精神病院"支持病房"的工作经历，她所帮助的病例是那些患病且几乎不懂英语的波兰军人。她最初在爱丁堡受到费尔贝恩的鼓励，接受了克莱因的分析，并在克莱因学派中成为卓越的作家和思想家。她在多种领域，如象征形成、美学和文学（Segal，1981）都做出了相应的贡献。她曾是一名核武器扩散狂热主义的主要批评家（Segal，1997a）。

海因茨·科胡特（Heinz Kohut，1923—1981）

科胡特创立了美国**自体心理学**（self psychology）学派，他坚持认为心理缺陷而非冲突是许多人患病的核心，他是自20世纪70年代以来挑战传统美国自我心理学的主要心理学家之一。他的一些工作与温尼科特和其他英国独立派的工作结合在一起。科胡特认为**优势模型**（dominant model）存在一定盲点，他强调儿童／病人对父母的需求（延伸到对分析师的需求），分析师通过**镜映**（mirror）儿童／病人，来达到对其自恋性表达（诸如理想化和全能感的需求）的理解，而不是使用被病人体验为谴责和说教的草率解释。科胡特对先占或自恋性的养育（preoccupied or narcissistic parenting）特别感兴趣，在这种养育中，病人形成了一个假自体，假自体使病人无法与其他个体建立内在的联系。他认为恨和攻击不是原始的，而是对创伤的继发反应。科胡特提出治疗的关键因素是共情和同调，而非解释和领悟（Kohut，1977）。

哈罗德·斯图尔特（Harold Stewart，b.1924）

斯图尔特是作为全科医生开始他的医学生涯的，在接受精神分析师培训之前他探讨了催眠的治疗性使用。他的贡献涉及技术的临床要点和问题，范围从在精神分析过程中，通过移情和移情之外的解释对梦进行阐释，到与非常紊乱和退行严重的病人一起工作的技术性挑战。（见 Stewart，1992）。

约瑟夫·桑德勒（Joseph Sandler，1927—1998）

桑德勒研究心理学和医学，他接受了经典精神分析的培训。桑德勒将自己非凡的临床和研究技能结合起来，成为欧洲第一个获得所有学术认可的分析师：担任精神分析界的几个主席职位。作为国际人物,他担任过几期国际精神分析联盟(IPA)的主席和《国际期刊》(*International Journal*)的编辑。他的理论贡献在于在经典驱力理论和客体关系理论(内部表象世界)之间建立了有助于美国自我心理学改革的桥梁。他参与不同理论取向的积极对话,尽力促进理论的准确性。(见 Sandler,1987。)

第四章　跨文化精神分析

20世纪20年代和30年代早期，对精神分析的关注已经在世界范围内蔓延开来。陆续而至的外国人不断地涌向维也纳、柏林和布达佩斯，师从弗洛伊德或他的学术圈内的某些成员，并接受他们的分析。这些早期的精神分析受训者满怀激情地回到自己的祖国，加入或成立当地的精神分析协会。还有一些人错过了接受个人分析，但对阅读弗洛伊德论著充满兴趣，他们则将分析性思想零星碎片地整合到自己的临床工作中。精神分析每到一个新的国家就会发展出其独特的风格。这既与其创始先驱的性格有关，也与孕育着新的思想萌芽和发展的当地政治、文化和语言等密切相关。

20世纪30年代，希特勒的"崛起"对精神分析的历史有着戏剧性的影响。大多数早期犹太裔精神分析师们，从布达佩斯、维也纳和柏林等地的中心被驱散到地球的每一个角落。具有讽刺意义的是，虽然希特勒政权恐惧并仇视精神分析，但以其结果来说它却对精神分析的迅速传播做出了贡献。但同时，希特勒也是导致许多精神分析学会内部矛盾激化、冲突和分裂的导火索，正是因为他，使得本土分析师与流亡分析师突然间被迫共存。本土分析师只有感到足够安全才会试用新的精神分析理念，否则只会采取淡化和折中的方式对待分析。相反，那些饱受精神创伤、无依无靠的流亡分析师，却会誓死捍卫自己从地狱中拯救出来的更为正统的精神分析思想。

这一章我们将举例说明"精神分析的传播"（Steiner，2000）。首先从美国对精神分析的热情迎接以及它的复杂演变开始；接下来讨论英国的状况：在英国，精神分析是一门薄弱的、充满矛盾的学科，但还是拥有一批富有创造性的思想家；然后谈到法国的精神分析和其独特的风格，与其他国家相比，它和左翼政治及学术界的直接联系更多。

最后我们从地理角度转换至政治角度，仔细研究了德国、阿根廷以及前捷克斯洛伐克在社会和政治压制期间及之后的精神分析的发展情况。这些国家的精神分析职业对极权主义的反应各不相同，当然我们也会考虑在极权主义下是否存在真正的精神分析这个问题。最后，我们将谈及东欧世界中持续而富有生命力的精神分析变革。

热烈欢迎：精神分析在美国

1908年弗洛伊德接受马萨诸塞州克拉克大学的邀请在斯坦利礼堂进行了一次演讲，这也是他一生中唯一的一次访问美国。他告诉欧内斯特·琼斯（Ernest Jones），当他在船上发现乘务员正在阅读《日常生活的心理病理学》(*The Psychopathology of Everyday Life*)时，才深切地感受到自己已经声名远扬了。

尽管现在精神分析在美国，与在其他地方一样也面临着挑战，但在早期它却取得了胜利，在关键的历史时刻它迎合了美国人的需求。美国很快就成为了世界上精神分析师最多的国家，并一直保持至今（虽然人均拥有治疗师最多的城市是布宜诺斯艾利斯）。精神分析很快在医学上获得了主导地位，并提供了精神病学范围内的主要参考构架，在20世纪70年代影响了全美精神疾病的分类和治疗。20世纪中叶，对大多数男性医生而言，精神分析是一种富有而排外的职业。这种状况从一开始就不同于英国：在英国，精神分析从来就不是一种富有的职业，而且从一开始就对女性和非医师自由开放。它在精神病学和心理学领域都处于不稳定且有争议的位置，与美国相比它的地位更为边缘。为什么美国的发展不同于英国呢？

20世纪早期，北美同其他地区一样，对清教徒的性道德以及基于遗传缺陷的精神疾病的陈旧治疗模式发起了挑战。与此同时，这个相对年轻的国家并未受到一些由权威机构运作的传统医疗机构的束缚。医学被分散了，常常自由引进或借鉴欧洲的一些观念。锐意进取的年轻医生们把精神分析看作是自由与乐观的。因强调对社会和家庭禁锢的挑战，它很容易成为折中主义和现实主义心理治疗取向的一部分。弗洛伊德则对这种着迷的迎接提出了质疑，并从一开始就担心在美国精神分析会变得乏味和虚增，从而沦为"精神病学的女仆"。

然而，这一职业的发展并不是一帆风顺的（Hale, 1995）。美国的精神分析熔炉融合了不同取向的流亡分析师及本土的同行，这种融合最终到了一种一触即发的状态，引发了一场在英国被内斯特·琼斯（Ernest Jones）悲哀地称之为"美国精神分析内战"的纷争。早期的美国分析师大多数是那些没有接受过训练但对弗洛伊德理论感兴趣的医生。第一次世界大战期间人体实验室中被证明有效的各种精神分析观点打动了这些分析师们；借助炮弹休克士兵的经历，使得诸如宣泄、症状形成、防御、冲突和压抑等词（见第二章）的含义变得更为鲜活。

那些早期著名的折中主义医生包括威廉·艾伦森·怀特（William Alanson White）和哈里·斯塔克·沙利文（Harry Stack Sullian）。他们常常是站在低估了性和攻击驱力的环境论的立场上，将这些新观点运用在自己的临床实践和教学当中，并自由地传播常识性的概念。这些借助社会的改变、抓住显而易见的获利结果的环境论的立场契合了北美文化。

从20世纪后期开始，来自欧洲的早期精神分析移民，如海琳·德育西（Helence Deutsch），卡伦·霍妮（Karen Horney）和奥托·费尼切尔（Otto Fenichel），欲寻找一个更大、更自由的地方生活、工作并留下自己的印记。他们经常找弗洛伊德或者其最亲密的某个圈内人士进行短期分析。一些人应邀按照柏林或维也纳模式帮助当地成立或发展精神分析培训学院，如纽约的桑多尔（Sandor Rado），芝加哥的弗兰茨·亚力山大（Franz Alexander）。同时一些年轻的美国医生会自酬资金去欧洲接受培训。1938年23名在维也纳接受培训的人中有12名美国人。1933年随着希特勒权力膨胀带来的一些风波，后期流亡者逃离希特勒政权到了美国，他们中包括成立了美国**自我心理学派**（ego psychology）（见第二章）的海因茨·哈特曼（Heinz Hartmann）。

"精神分析内战"始于20世纪30年代，这个时期经济萧条加剧了已有的敌对。冲突超越了职业标准，尤其是谁更适宜在新的研究所做培训师这样的问题上。起初冲突通过代际界线反映出来。与英国的"质疑讨论"（见后）的情形一样，两派分析师各持己见。当看到自己从希特勒手中救出的精神分析文化受到威胁时，被冷落的流亡者深感痛苦。

热衷于在欧洲接受足够多的精神分析训练的年轻美国精神病学家，与流亡分析师联合起来，向那些在新研究所中处于领导地位但未接受过训练的本土折中主义长者发起挑战。尽管弗洛伊德支持这些所谓的外行进行分析，但年轻的精神病学家们还是渴望把精神分析限制在那些拥有医学背景的人群中，从而提高精神分析以及自身的地位（但这令非医学背景的流亡者感到沮丧）。

年轻的美国人最终取得了胜利，精神分析在美国成为一门受尊重的医学学科。它的培训是冗长而严厉的。所谓外行分析师只能被迫进行级别较低的研究和教学工作，或仅治疗儿童。他们的收入也还是比作为医生的精神分析师低，并常常要与作为医生的精神分析师争夺病人。直到1986年心理行业的代理人成功地起诉了美国精神分析协会的不公平标准，这一状况才得以结束。这一标志性案例成为正式批准其他职业人士接受精神分析培训的里程碑。

在20世纪四五十年代，争论一直持续着：纽约是争论的中心，但它们在以西海岸为主的其他地方也相互响应并影响着。美国的两派研究院发生了一系列的戏剧性分裂。一派的主角是传统精神分析师，如哈特曼，他们极力保护弗洛伊德的遗产。另一派是强大的折中主义年长政治家们，如哈里·斯塔克·沙利文（Harry Stack Sullian），和这些政治家们的年轻追随者们，包括卡伦·霍妮，埃里希·弗罗姆（Erich Fromm），他们发起了"**新弗洛伊德运动**"（neo-Freudian movement）。

美国精神分析协会（APA，American Psychoanalytic Association）在管理和引导这一新兴职业标准方面起到了重要的作用。它在过于严厉的正统派和非正规的、被认为不是精神分析的折中派之间进退两难。最初几十年里正统派取得了胜利，这期间APA经历了20世纪六七十年代的对所谓外行分析师和未经正规训练者的警觉阶段。被认为是修正主义者的不仅包括新弗洛伊德主义者还有其他人如梅兰妮·克莱因，他们的观点常常被排斥在传统研究院的教学提纲之外，以致很长时间以后这些观点才得以广为流传。

"二战"以后，精神分析训练在美国得到了广泛的应用，而且许多病人也乐于接受分析。精神分析开始登上了精神病学的中心舞台。20世纪60年代以前，在政府基金的资助下，大多数精神病学受训者参加个人分析，并且他们中半数以上的人接受了正式的精神分析训练。主要的精神病学课本以及分类系统也深受精神分析的影响。

紧随着繁荣而来的是难以避免的衰落。许多临床医生将他们的分析培训变成了一种人文式的、普通的实践，包括治疗、给予建议，常常也包括药物处方。从而形成了一种慈父般的"精神病医生"的形象，这一形象尽管不同于大西洋两岸的经典精神分析，但它却可能流行起来。在美国的医学实践中，一些具有挑战性的、打破陈规的东西变成了惬意的、家长式的，与传统的价值观和性习俗相协调的东西。

20世纪60年代后期至70年代，美国精神分析终于成为了自己成功的牺牲品。自满的负面效应更甚于打破陈规的吸引力，功效也被过度地夸大。人们出现了对其他心理治疗的需要，如行为和认知治疗等，保险公司也开始撤除为这种冗长治疗支付的资金。20世纪60年代包括反精神病学运动在内的对立文化汹涌而至，例如女权主义的兴起对传统的女性性别概念发起了挑战，以及其他反弗洛伊德评论的发展（第五章中讨论）。周而复始，治疗精神病的药物发展和关于大脑的新发现使躯体精神病学再度兴起。现在，美国的精神疾病分类系统已经去除了对精神分析的解释，仅对其做了简单的描述。

但是，挑战同样激励着美国精神分析不断地创新。最近几十年，精神分析研究无论在数量上还是质量上都有发展。随着自我心理学的发展，客体关系理论也引起了大家的兴趣。现在许多不同的理论都找到了各自的位置。一些人认为当前美国的状况代表着这一学科的破裂，并担心失去精神分析的同一性。另一些人（Wallerstein，1992）则认为，如同所有年轻的学科一样，随着对精神分析本质上的普遍认同，它最终将朝着健康、多元化的方向发展。

避免分裂：精神分析在英国

20世纪20年代，在英国精神分析学会（BPAS，British Psychoanalytical Society）的早期历史中，有关梅兰妮·克莱因在柏林采用新颖的实验对幼儿进行分析的相关报道开始引起英国的精神分析师们的兴趣。克莱因的观点与安娜·弗洛伊德及其维也纳同事的观点不同。在安娜·弗洛伊德早期的思想中，她认为儿童不可能形成移情，这种移情在成年人中能够被运用和解释，因为成年后能够被"转移"的早期体验仍在进行当中。而对于儿童治疗，尤其在最初阶段，分析师是取而代之地以父母的方式指导儿童并使其安心。只有当分析师与儿童彼此建立起信任的情况下，分析师才能小心地讨论儿童最初关于性和攻击的焦虑（A. Freud，1926）。

相反，克莱因认为即便是儿童也可以立即发生移情，例如，有时她观察到儿童似乎将她体验为一个负性的或危险的人物。克莱因对她在儿童游戏和行为中看到的原始幻想的表达进行直接的解释，而不是试图通过解释真实的情境来赢得儿童的信任（Hinshelwood，1994；Segal，1973）。因此，她举例解释儿童对

第四章 跨文化精神分析

他们想象中的父母正在进行性行为的可怕画面产生的恐惧和嫉妒；或者解释儿童对报复的恐惧，这种报复来源于想采取冒昧而粗暴的行为来分离父母并"取代他们"，以及儿童强烈的爱恨冲突。克莱因不仅运用了与安娜·弗洛伊德完全不同的技术，而且论证了"潜意识幻想"这一新概念，以及俄狄浦斯情结、超我的本质，以及它们按时间顺序排列的发展过程。

1925年克莱因欣然接受了欧内斯特·琼斯的邀请第一次到BPAS进行演讲，1926年她定居伦敦。尽管这里与欧洲大陆的分析讨论存在着一定的距离，克莱因仍感激英国人热情而开放的接纳，在以后的10年，她成为英国精神分析界的重要人物。她坚定不移的个性以及渊博的知识同时给她带来了朋友和敌人，但这里更多的是宽容的气氛。

而英国本土的许多精神分析师，如温尼科特、佩恩、夏普和鲍尔比，也做出了重要的贡献，他们对随后理论和会政发生分歧后的稳定起到了重要的作用。其他英国精神分析的主要人物也在此时崭露头脚。从1933年起许多欧洲流亡分析师定居英国，这股热潮在1938年随着西格蒙德和安娜·弗洛伊德的到来达到了高峰。至此英国精神分析的相对平静被打破了：他们就儿童分析的技术、幻想的本质、超我的发展和女性性欲的本质展开了激烈的争论。在这一压力下，BAPS开始分成三个不同的派别。

与纽约一样，这些流亡者，如多萝西·伯林汉姆（Dorothy Burlingham）、凯特·弗里德兰德尔（Kate Friedlander）、威尔·霍费尔（Willi Hoffer），他们与弗洛伊德及其女儿关系密切，他们尽力保护已重病的朋友兼老师的理论。在他们眼里，克莱因的观点根本就不是精神分析，她与荣格或阿德勒一样都是异端学说。他们反对已被克莱因证明的事实，也不同意她所提供的理论依据。克莱因和她的支持者，如苏珊·艾萨克斯（Susan Isaacs）和琼·里维尔（Joan Riviere），认为自己的观点是忠实于弗洛伊德的，对自己即将被逐出英国学会的前景深感沮丧。

一些英国分析师如芭芭拉·劳（Barbara Low）也加入到流亡小组，克莱因的女儿梅尔答·斯密特伯格（Melitta Schmideberg）和她的分析师爱德华·格洛弗（Edward Glover）也加入其中，站到了与自己母亲及其观点的对立面。而许多英国的早期分析师如埃拉·夏普（Ella Sharpe），西尔维娅·佩恩（Sylvia Payne）和欧内斯特·琼斯，以及一些与弗洛伊德联系较少的流亡者如迈克尔·巴林特组成了"中间小组"，他们常常用激情和理智为双方提供有效的缓冲。例如，尽管唐纳德·温尼科特深受克莱因思想的影响，却在后来发展了一套与克莱因不同脉络的母婴关系学说。约翰·鲍尔比也是如此，在精神分析与生物学之间建立起重要的联结，他的重要贡献在于对人类的依恋关系的研究（见第二章）。詹姆斯·斯特雷奇（James Strachey）最著名的是有关精神分析治疗行为方面的论文，直到现在还经常被引用。

1939年9月英国对德宣战，紧接着弗洛伊德逝世，更加剧了这场动乱。随后是一段短暂的平静，那时许多英国成员由伦敦迁至其他安全的地方，而离开维也纳，他们组织活动的自由受到了限制，集会也受到了数量上的控制。1941年当这些成员回来时，以前那种理智而激动的氛围突然变得难以承受了，要求改善BAPS的结构和分布以进行理智讨论的呼声越来越强。于是学会制订了一项计划，既在学会内开展一系列职业会议来推行民主领导和培训，也举行一些专业会议使不同的理论可以自由地进行辩论。后者成为著名的"质疑讨论"，在这里克莱因小组介绍了他们的新观点并为之辩护。

有关战争期间的讨论和争论的资料现在已被整理出来（King & Steiner，1991），制作成了具有戏剧性的、阅读起来常常令人感到痛苦的读物。然而，这些经常性的、充满焦虑的学术和事务性会议，成就了精神分析史中一些具有特殊意义的东西。这是一个能容纳不同观点的稳定团结的精神分析学会，在提供给学生的培训中也混合了不同的理论，并且要求它的成员继续这样的交流。

通过那些仍有歧义而几乎不成文的规定，借助所谓的"君子协定"以及安娜·弗洛伊德、梅兰妮·克莱因及西尔维娅·佩恩三位女性在实际意义上的相互调解，这三种学派都获得了人们的铭记。这些学派就是如今所为人熟知的**当代弗洛伊德学派**、**克莱因学派**以及**独立学派**。它们在很多方面代表的是"家族"或"政务"，而不是真正的思想的划分。这三个学派虽然依然存在，但它们不再像以前那样清晰地呈现出自己学派特有的路线，而且也或隐或现地交叉孕育着彼此的理念。2005年，在英国学会内部出现了一个占据多数的统一意见，尽管以往三分的政务结构也许可以维持学会的稳定性，但它目前正在扼杀学会的创造性，并必然会带来官僚主义的问题。这样一来，三个学派在委员会上都应该被同等对待这一不成文但强有力的习俗就被瓦解了。

个人主义：精神分析在法国

精神分析进入法国的时间相对较晚，可它一旦生根就深深地扎入到法国文化之中。著名的日报《世界报》(*LA MONDE*)曾就如何翻译弗洛伊德的著作展开争论，但一直都没有得出结论，以致现在仍然没有法语版的弗洛伊德标准文集。

最早将精神分析理论引入到法国的是法国的文学界和超现实运动。20世纪20年代流亡者们将精神分析介绍给法国，他们是波兰人尤金·莎科尼加（Eugenie Sokolnicka）、德国人莱芙·洛伊温斯坦（Ralph Loewenstein）和一群瑞士人，尤其是菲尔蒂兰德·索绪尔（Ferdinand de Saussure）。几乎所有到维也纳和柏林接受的培训都是由弗洛伊德的崇拜者玛丽亚·贝纳帕特（Marie Bonaparte）发起并资助，这些受训者负责整个法国第二代分析师的培训，他们包括雅克·拉康（Jacques Lacan）、丹尼尔·拉格舍（Daniel Lagache），雷妮·拉芳格（Rene Laforgue）和萨哈·纳赫德（Sacha Nacht）。

在其他国家倡导者往往都是流亡者，与此不同，在法国这些第二代分析师都是法国公民。他们视弗洛伊德的精神分析为思想启蒙，使它沿着与法国的理智观点一致的方向发展，而不是仅仅将大师的著作保存在自己的国家。

法国精神分析更多地受到理性的、哲学的传统文化影响，而较少地受到临床和经验主义的影响。相对于医学和临床心理学而言，它通常与理性领域的联系较多。这常常导致法国分析师和讲英语的精神分析师之间的交流存在着一定的困难，他们的思想常常在语言和文化的划分方面呈现出独立的发展。但最近几年，法国和英国分析师的研究小组进行定期会晤，共同探讨理论和临床问题，如1987年成立的英-法讨论年会和1996年开始的女性性欲英法讨论会。英国的知识分子也逐渐开始对拉康的观点感兴趣，同时法国分析师也对身心疾病以及其他与身体相关的心理问题产生了兴趣。

马里恩·奥林勒（Marion Oliner）在她关于法国精神分析史的书中写道：

许多法国的精神分析师……并不是为科学的简洁性而奋斗。恰恰相反，法国人更喜欢无目的、无限制地，甚至是潜意识的模棱两可的表达风格，这种风格是追求诗意的唤起，而非运用自然科学的表达(1988:7)。

她也提到法国人习惯通过优雅而非实用性来判定一个主题，同时她还指出，亲英派如果试图在法国精神分析著作中寻求理论的实践性和技术性应用可能只会一无所获。法国人也看不到通过自然科学的方法使精神分析变得"可被接受"的需求。法国人认为自己是传统精神分析的管理员，他们的理论倾向于传统的驱力模式，接近于潜意识和躯体。有关法国精神分析的发展更清楚的描述见 Aisenstein（2010）。

但实际上法国的精神分析与传统的精神分析有实质性的差异，尤其是每周较少的分析次数。在英国，精神分析每周 4～5 次，而在法国，每周通常不超过 3 次。在谁更适合接受精神分析的问题上也时常存在着差异。在英国，能够接受分析的人范围更广，而在法国只有非常神经质的、看起来更糟糕的病人才会接受精神分析。

在法国精神分析界，我们强调三个重要流派：拉康、心身医学的巴黎学派和安德勒·格雷（Andre Green）。

雅克·拉康（Jacques Lacan）

巴黎是法国精神分析的诞生地和总部。在巴黎，精神分析早期隶属于一些宗派。因此，现在法国有两个精神分析学会隶属于国际精神分析联盟（IPA），另外一些则或多或少属于或不属于拉康派。雅克·拉康是位有争议的重要人物，他自创了一套风格独特的精神分析学说，特别被用于文学学术圈的教学（见第七章）。尽管拉康从未代表经典或主流的法国精神分析，但他超凡的权威使得他处于法国精神分析的中心地位，促使同僚们维护他们自身的观点，支持或反对他的工作。

拉康是一位矛盾人物，他以打破陈规和反独裁主义吸引了许多拥护者。他的分析技术的特别之处在于访谈时长的可变性，通

第四章 跨文化精神分析

常访谈时间较短。分析师可以决定在某一时间终止访谈，这一规则源自拉康的"逻辑时间"理论。这一理论成为了疯狂崇拜和官方指责的焦点。

拉康的理论中包含着许多充满魅力的观点，但却非常晦涩，以致非专业人士在学习他的理论著作时，常常要通过本文鲁托（Benvenuto）、肯尼迪（Kennedy，1986）和弗罗施（Frosh，1999）的资料才能得到很好的理解。拉康重新解释了弗洛伊德的理论精华，尤其是弗洛伊德早期关于梦、口误和笑话中所表达出的潜意识语言。受世纪之交语言理论的影响，拉康逐渐将语言作为核心，称它是构成和塑造人类的矩阵。

拉康认为，一系列的分裂和丧失塑造了我们，使我们渐渐远离与母亲统一的原始状态，同时作为人类生存的本能出现无法挽回的丧失和缺失。在把婴儿同他无法表达的事物分开时，将会导致终身驱使他去试图挽回这种丧失，尽管在这一早期阶段，婴儿没有主观体验，有的只是内驱力无组织地聚集在一起。在形成主观感觉时，我们会先进入一个想象的秩序，在这一秩序中通过别人看到自己的镜像，进而构成一个可信的，但却完全错误的同一性及整体感觉。我们看到的镜像是以别人的愿望为基础的自我印象，而不是温尼科特所说的反射给我们自身的某种真实的自我。镜像期的重要功能是将碎片样的内驱力整合起来，建立某种认同感，即使是虚假或自恋的认同。

接下来必须做的是，打破这种和母亲之间的自恋关系，创建社会人。在拉康看来（追随弗洛伊德），当父亲通过"乱伦禁忌"，以及由对婴幼儿的阉割恐惧所产生的支持来打断母婴联体的时候，这种自恋关系就开始破裂了。与此同时，"第三者"出现在语言和文化中，这就是"我"和"你"之间的区别，这是一种强制的差异识别，特别是关于性别之间的差异。这种"象征秩序"，全面构成了一个人的主体序列，因而会导致进一步的丧失和疏离，而另一方面也会促进重要的社会性的获益。

在拉康看来，根本没有真实的自我或存在。主体不是由增长的整合过程形成的，而是由一系列的丧失和分化形成的。所谓的自我是一个假性的结构，仅仅是社会的产物，因此拉康特别轻视自我心理学派的工作。

在分析过程中，拉康相信，通常基于虚假秩序的病人的主观性需要被颠覆和驱散（例如，通过分析师的无反应或意想不到的反应），从而使得病人能更多地接触到他潜意识中最深层的愿望；使得早于病人并在他出生后所融入的言语含义能够通过病人自身表达出来。像超现实主义者一样，拉康在分析中努力解码和解放病人的深层和根本愿望。尽管在合一性阶段，差异和分离消失了，但是这种愿望在某种程度上是无法实现的。

心身医学的巴黎学派和其他相关学派

尽管拉康的思想起源于弗洛伊德早期的潜意识研究工作，但他与弗洛伊德关于癔症的研究在思想上依然产生了较大的裂痕。同时英语国家的分析师倾向于强调心理而较少强调身体，但法国人却通过心理和躯体之间特别密切的关系，坚信癔症的重要性。

第四章 跨文化精神分析

在巴黎，皮埃尔·玛蒂(Pierre Marty)和马丁·乌赞(Martin M Uzan，1963)等分析师研究了心身现象的本质。他们以许多因心身疾病前来就诊的病人的访谈为工作的基础。在访谈中，这些病人缺乏表达情感的言语，也缺乏象征化的能力。玛蒂和乌赞提出，与早年创伤相关的早期重要客体爱的依恋的持续性破坏导致了心理和身体的分离。艾森斯戴恩(Aisenstein)和斯玛德杰(Smadje，2010)对玛蒂的某些核心理论给予了有效的总结。

原籍新西兰，却生活工作在法国的乔伊斯·麦独孤(Joyce McDougall)坚定地将心身关系置于精神分析思考的中心位置。在温尼科特之后，麦独孤关注于"我"与"其他人"最早的分离。在这种从融合到分离的运动中，婴儿必须逐渐学会寄居在自己的身体上。麦独孤向我们描述了当我们不能处理分离和丧失的精神痛苦时，心身过程是如何占了上风。与温尼科特一样，她既考虑到了婴儿也考虑到了不能使婴儿有能力进行分离的母亲。在她大量的著作中(McDougall，1986)，展现了身体是如何成为详细描述整个心身语言的舞台。

紧随弗洛伊德基于自我保护本能(依附性)的性本能理念的安兹伊尔(Didier Anzieu，1993)，同时也受到温尼科特和鲍尔比的影响。他强调内心"包层"的容纳功能，既防止了过度激动也"容纳"了精神。在正常的发展中，逐渐地形成自我和内心的彼此容纳。

第二代巴黎学派接纳了弗洛伊德20世纪20年代晚期的本能

二元论的观点。马里莉娅·艾森斯戴恩（Marilia Aisenstein）在她2006年的论文中，解释了修通的失败现在是如何被视为"破坏分析的结果，这种破坏来自于人的内心对修通过程的攻击"（2006：678），而这种修通的失败早期曾被法国分析师们解释为发展进程的缺失。艾森斯戴恩参考了弗洛伊德关于防御过程中自我的分裂观点，并假设分裂在很早的时期就发生了，尤其是涉及与内心觉知有关的东西时。她认为，早期创伤是部分的原因，并进一步提出："在我的临床实践中，我经常遭到那些将自己的身体当作与己无关的外来之物的病人的面质。他们的身体可能成为爆炸的场所"（2006：678）。她详细列举了自己与一位有着致命脑血管疾病的病人的治疗经历。

珍妮·夏斯哥特－斯迈尔吉（Janine Chasseguet-Smirgel）也深深地立足于身体，取得了国际性的重要成就，尤其是在有关女性性欲倒错的领域，她填补了该领域的研究空白。她关于女性性欲的著作（1988）为对这一重要领域的精神分析理解重新受到重视做出了巨大的贡献。

安德勒·格雷（Andre Green）

20世纪60年代格雷因参加拉康主持的学术研讨会而受其影响，但他仍是巴黎精神分析学会的成员，而拉康本人已经离开了这一精神分析的主流学会。随着自己新颖而独特的思想的逐渐形成，格雷与拉康之间的距离也越来越远。他的突出贡献在于"空白的精神"（psychose blanche，1980）这一领域以及就"否认"

观点所做的工作。他别具匠心的论文《逝去的母亲》(1980)描述了一种临床现象：在分析情景中，病人再次体验到对抑郁母亲的认识；母亲的身体是活的，但孩子将她体验为死的和缺失的。母亲的抑郁被孩子感觉为爱的突然丧失。在孩子看来一场灾难降临了；意义的转变伴随着爱的丧失，孩子对母亲不再有任何感觉。孩子无法哀悼这种母亲的丧失，而是减少对她的投入，同时在他的内心不可避免地内置了一种不投注的、缺席的和逝去的母亲的体验。孩子表面上可能继续正常成长，但在心理上却存在一个空洞或空白——这实际上是对逝去的母亲的认同。另外临床上，否认的存在已成为具有广泛价值的概念。

霍那奇奥·埃希革因（Horatto Etchegoyen）将安德勒·格雷描述为"设法将拉康、比昂，尤其是温尼科特等不同作者的影响进行清晰整合的弗洛伊德派分析师"（Kohon 的引言，1999）。自20世纪60年代，他在精神分析理论和应用方面是一位多产的作家，作品内容主要涉及普鲁斯特（Proust）、萨特（Sartre）、波金斯（Borges）等人的工作。尽管他经常在国际会议上演讲，但直到近些年他的著作才被译成英文。但这同时也说明他在英语国家的影响要比在拉丁美洲国家和其他西班牙语国家更为新潮。

压抑及其以后：极权主义政体下的精神分析

精神分析虽然不是政治运动和信仰体系，但它与极权主义之间也存在着冲突。精神分析旨在阐明关于人类本性的基本真理，这与专制政权所利用的教条是不同的。一个强调特定种族纯洁和优势的独裁者，希望粉粹有关普通种族对性欲、侵略和仇恨、挣扎的相关认识，以及对投射、理想化和退行机制的认识。一个恐惧、诋毁个性、而且凭借暴力推行唯心集体主义的政权，总想将强调个人自治权、自我发现和自我表现的行为定性为非法的。精神分析的道德标准包括严格地对他人保密、信任和接纳，而对行为没有规范和谴责，这些在独裁者看来却都是十分危险的。

与宗教不同，精神分析没有清楚的道德法规，它主要关心爱与恨，以及我们的道德如何发展。同时它也关注真理以及对自我和世界的探索，但真理往往是非常规且不受欢迎的。精神分析阐明了在内化的爱的关系中如何构建自体的弹性，在这种关系中与他人的分离和个体化可以被认可和容忍，而想控制他人的无所不能的愿望恰好与此背道而驰，精神分析将这种愿望视为退行，尽管这种情况并不罕见。

在精神分析短暂的历史中，它曾经频繁地与极权主义发生摩擦，它与其他许多学科一样面临困境。在极权主义政体中，精神分析是应该委曲求全地适应政权，在其被允许的范围内工作并接受约束，还是应该为美好的明天保存其基本的原则和信念呢？或者他们毫不妥协，坚持自己的工作或转入"地下工作"？我们先看看纳粹德国的情况，那里的精神分析师们试图通过适应来保存自己的原则。接下来我们会谈到在拉丁美洲和一个前铁幕下的国家中，精神分析在专制政权统治之外努力生存的某种形式。

精神分析与妥协：纳粹德国

柏林作为精神分析在德国的发源地（柏林精神分析学会）经历了早期的创新性繁荣时期。它拥有许多具有创新思想的本土成员，如卡尔·亚伯拉罕（Karl Abraham）和马克斯·爱廷根（Max Eitingon），以及一些优秀的移民，如爱尼得·巴林特和密歇尔·巴林特兄弟、弗兰茨·亚力山大、梅兰妮·克莱因、西奥多·里克和奥托·芬尼切尔。学会因公立门诊的收费低廉和组织培训的良好而受到尊敬。1933年纳粹上台所导致的冲击使德国精神分析界花了几十年时间才得以使其恢复。能够确定的是在德国精神分析受到了十分阴险的破坏，而不是像在荷兰、匈牙利或波兰，被迫暂停或转为地下。那一时期的德国精神分析不得不另换一种模式，从而获得官方的批准，甚至被当作国家社会主义的有力工具。

1933年以后，处于困境中的德国精神分析学会为了继续生存而奋起反抗。在纳粹的压迫下，精神分析被视为反宗教及破坏德国精神的，也经常被错误地描述成鼓吹道德松懈以及放纵行为。1933年在柏林纳粹组织当众烧毁了包括弗洛伊德著作在内的许多书籍。学会面临着选择：要么解散，分析师继续秘密活动；要么作为一个机构被慢慢地消灭。

起初，在国际精神分析联盟和弗洛伊德本人的支持下，德国精神分析学会开始着手后一种方式，试图保存自身和精神分析。首先委员会的犹太人成员被撤换，随后学会的所有犹太人成员主动辞职，他们大多数都逃亡国外。当马克斯·爱廷根（Max Eitingon）移民到以色列后，新领导费利克斯·鲍姆（Felix Boehm）和卡尔·米勒－布朗斯维西（Carl Mueller-Braunschweig）向政府保证精神分析不会对其构成威胁。他们甚至辩解到，提倡自我对本能的控制，可以帮助培养好的公民！

然而，为学会争取教学执照的努力却是徒劳的。取而代之的是，1936年学会同意加入由 M.H. 格尔琳（M.H. Goering）（菲尔德·马歇尔的堂兄）领导的一所新的心理治疗研究院，该研究院很快成为众所周知的格尔琳研究院。这个研究院的目标是发展"新德国心理治疗"。这种治疗将会用于"具有社会和生物价值的病人"，帮助他们领悟作为伟大共同命运的德国人民的一部分，其生命的意义和价值。

纳粹与精神分析的关系充满了矛盾。虽然名义上精神分析受到了贬低，但实际上由于它能抗击由战争期间时间及精力的丧失而导致的神经症，它被认为是一种强有力的、潜在的武器，它被重新打上了"深奥心理学"的烙印，并且剔除了所有与性有关的暧昧的词条。格尔琳研究院的精神分析师们被迫将自己的训练与荣格学派（他们无性欲的和神秘的观点吸引了纳粹）、阿勒德学派及不同的心理治疗折中学派混合起来。公共课程包括遗传和种族方面的介绍：包括精神病学家、格尔琳研究院的主要行政官员以及纳粹安乐死政策的关键人物赫伯特·琳登（Herbert Linden）的讲座，旨在使精神病学机构摆脱无法治疗的病人。

相关的历史档案材料于1985年在汉堡展出（Brecht et al., 1985）。这些材料表明，尽管有着良好的意愿，但并没能阻止精神分析的完整性在这些条件下逐渐衰退。许多精神分析师们背地里对"新德国心理治疗"不屑一顾，试图以一种平静的方式执行精神分析探求的真谛（Chrzanowski, 1975），但因为一定程度的妥协而未能发挥作用。相反，精神分析界的某些领导者已逐步倾向于国家社会主义等观点，这些在档案材料中都有所记载。

一些德国分析师在地下反法西斯主义运动中表现出了惊人的勇气。1935年柏林精神分析学会老成员，爱迪斯·雅各布森（Edith Jacobsohn）被捕，一年后他在监外就医时逃亡到美国，并继续工作。约翰·里特梅斯特（John Rittmeister）是格尔琳研究院的临床主任，1943年因为参加地下抵抗运动被处死。出于对自身安全的担心，他们的精神分析同僚发表声明与这二人脱离关系。在单人牢房里，约翰·里特梅斯特在纸袋上以笔记形式潦草地完成了他最后的精神分析著作。这些著作指出了神秘幻想观点的假性感染力，它还描述了一种基于现实的成熟，这种成熟把能够识别出另一个个体视为真正的分离。

战后，IPA不愿收回老的德国精神分析学会（DPG, Deutsche Psychoanalytische Gesellschaft），争论的焦点在于其长达12年的纳粹控制下的折中主义倾向以及舒尔茨·亨克（Schultz-Hencke）新分析学派的自体风格（实践中省却了多数精神分析的基本概念）的崛起。这一对折中主义的关注掩盖了更深层的对屈从于纳粹的担忧。这些随后的担心是不容易被表达出来的，因为更多精神分析界人士热烈希望原来遭受痛苦的德国同事能够归来。

1951年从DPG中分裂出来的小派别使IPA脱离了窘境，它自称德国精神分析协会（DPV，Deutsches Psychoanalytische Verreinigung），并保证遵守国际社会公认的精神分析标准。虽然这一策略表面看来直接解决了问题，并在某些方面具有重大的修复性（Eichhoff，1995），同时也给DPV成员提供了一个通道，使其与老学会DPG脱离，并将与法西斯和"乏味的标准"相关的邪恶和罪恶一并投射给旧学会——DPG。

就像整个德国社会一样，20世纪60—70年代，战后第二代人开始向他们的老师和父母问一些与过去有关的问题，他们开始哀悼过去，并解除对创新的禁锢（Ehiers & Crick，1994）。然而，整个国际精神分析界的痛苦也需要时间慢慢来抚平，1981年德国提出在柏林召开一个国际会议的邀请遭到了强烈的拒绝，后于1985年改在汉堡召开，因为汉堡对于分析界的犹太团体来说痛苦的回忆要少得多。

战后的DPV规模较小，它为成长壮大和寻求发言权而努力奋斗。近期的冲突和创伤太痛苦了，以致无法被考虑，而是慢慢地被埋在心底，使其减少对自由和原始分析思想的伤害。但在随后的几十年里，那些主持定期督导和讨论小组的国外友好同事从实践和精神方面都给予了协会很大的帮助。早期的英国分析师威尔·霍费尔（Willi Hoffer）、密歇尔·巴林特和赫伯特·罗森费尔德（Herbert Rosenfeld）都以这种方式向协会提供了帮助，并且这种传统现在仍在继续。现在，德国许多城市都拥有繁荣的精神分析协会。

精神分析的反抗：阿根廷

怀着对欧洲文化和理念的渴望，20世纪早期拉丁美洲国家同美国一样满怀热情地开始接纳精神分析。其早期对拉丁美洲国家的影响主要是经由大学来传递的，如布宜诺丝艾利斯大学的哲学系和文学系。随后在第一次世界大战之后，精神分析开始强烈地被认为等同于精神病学，例如，在阿根廷分析师们为了争取得到精神分析外行的官方认可而展开了长期的斗争。拉丁美洲国家也经历了超越代表国际精神分析的权威的早期骚动和分裂（Tylim，1996）。

拉丁美洲的精神分析总是与激进的政治有关：阿根廷精神分析协会的两个主要奠基人安琪·盖玛（Angel Garma）和玛瑞·兰格尔（Marie Langer）就是曾经参与过西班牙内战的欧洲移民。这些反独裁主义也使得代表着（至少是表面上）自由和先锋的拉康著作广受欢迎。

同法国一样，语言障碍导致了西班牙语和葡萄牙语国家长时间处于一种独立发展的阶段，并伴随着文学主体的独立发展。1923年弗洛伊德的著作被译为西班牙语，但直到20世纪80年代以后拉丁美洲国家才开始参与"国际精神分析期刊"的部分编辑工作，并与北美洲和欧洲一起轮流担任 IPA 主席一职，以及轮流主持两年一次的国际会议（见第三、九章）。

尽管早期相对封闭，但拉丁美洲仍产生了一些国际精神分析界的重要人物，如来自智利的伊格纳西欧·马特·布兰克欧（Ignacio Matte Blanco）和欧特·肯恩伯格（Otto Kernberg），以及来自阿根廷的海因里希·瑞克（Heinrich Racker）和奥拉西奥·艾奇格恩（Horacio Etchegoyen）。一些英国的精神分析师对拉丁美洲的思想有着特殊的影响，尤其是克莱因学派的汉纳·西格尔（Hanna Segal）、威尔弗雷德·比昂（Wilfred Bion）和唐纳得·梅尔策（Donald Meltzer）等。

20世纪60—80年代，是阿根廷军事专政的骚乱时期，其后进入到一种相对不稳定且无法制的政治阶段，精神分析师们感到坚持思想透明并掌握界限不是一件容易的事。正如我们看到的，在独裁主义下，与压迫者合作的压力是精神分析的一个问题，另一个压力则源于为了社会变革而将其转变为一场改革运动。无论哪一种，如果这种态度渗透到临床工作中，分析师就存在失去中立的分析态度的风险。若在某一病例中他站在压迫者一边，另一位则站在受压迫者一边，这样病人就相当于被剥夺了为自己找回完整性和人格力量的机会。

同纳粹德国的情形一样，大多数阿根廷精神分析师们都没有卷入到为统治政权服务的工作当中，他们自身的工作也并未遭到禁止。精神分析师们继续在私人诊所或医院为穷人服务。然而在一个社会中，当法庭不能反映正常的司法道德理念，当最为严重的偏执狂幻想在种种扭曲和缺失的环境中成为司空见惯的事实时，各种各样的精神健康工作者就不再拥有相对稳定的、理性的工作背景或框架以及工作所获的可预测性。

> A博士，一位年轻的精神病学家，发现自己无法判断一个病人对可怕困扰的描述到底是精神病性的错觉还是对现实的真实描述，她急切地提出要见那时作为军事政权成员的医院主管。怎样做才更恰当呢，是同意这个请求还是拒绝？病人和A博士的行为分别暗示了什么呢？

一位阿根廷的分析师简侁·浦捷特（Janine Puget）曾讨论当腐败成为日常生活的一部分时，道德规范的混乱是如何充斥着病人和分析师的大脑（1992）。她描述了一个病人耀武扬威地讲述了自己是如何通过贿赂官员来走私小机件的。她的反移情冲动是不加评论地接纳这种司空见惯的行为，毕竟："每个人都在这样做。"然而当她勇敢地面对病人最初的刻薄的嘲笑时，她认真地认为这件事表达了病人与权力的关系，不仅在当前的社会氛围中，而且在分析关系中，在某些事情上他能"悄悄地溜过去"。接着在谈话中一道伤疤被揭开，病人谈起他在向儿子传授清晰的价值观念时遇到了困难。就像他攻击分析师一样，他儿子也喜欢用同样的轻蔑方式对待他；在家里存在着对讨论政治的可怕禁忌，儿子最近要求买一支枪来保护自己，从而将法律掌握在自己手中，这也让他感到很为难。

随着军事独裁的结束，阿根廷的精神分析也跟着繁荣起来。自由的政治氛围有助于拉丁美洲与北美洲、欧洲间的精神分析文献和观点的共享性的增强。

地下精神分析：捷克斯洛伐克

摆脱法西斯压迫之后不久，许多精神分析小组，如匈牙利、波兰和捷克斯洛伐克的小组，仍然面临着自由探索和表达的权利受到威胁的问题。尽管如此，捷克的状况仍然可以用于说明东欧精神分析运动一直持续存在，并充满着活力。第一个对精神分析感兴趣的捷克小组于1920年由俄国人奥斯洛夫（Ossipov）组织建立起来，他本人与弗洛伊德关系密切。捷克精神病学家雅洛斯拉夫·斯图利克（Jaroslav Stuchlik）在东边的斯洛伐克成立了第二个小组。到1935年，在包括奥托·费尼齐（Otto Fenichel）在内的犹太流亡者的努力下布拉格小组的人数有所增加，1936年在费尼齐的帮助下这个小组获得了IPA的初步接纳。

1939年，这些活动因为德国的占领而被迫停止。许多分析师设法逃走，而另一些则死在了集中营里。这个小组的幸存者之一，鲍霍达·多苏兹科夫（Bohodar Dosuzkov）于"二战"期间，继续在地下开展精神分析活动。战争一结束，多苏兹科夫就重新组建了一个官方的IPA学习小组，但在20世纪40年代后期再次遭到禁止。在随后的40多年里，捷克斯洛伐克的精神分析继续在地下从事活动，集会和培训也都在私人住宅中进行。1989年东欧剧变事件以后,即现在的捷克共和国成立了第三个学习小组。现在捷克精神分析学会是 IPA 的成员组织之一。

曾经在压制时期进行工作的捷克精神分析师迈克尔·塞贝克(Michael Sebek,2001)讨论了有关"地下"精神分析的问题。当所说所想都受到限制时,病人还能冒险在社会中自由联想吗?此外,分析师还会冒险进行可能激怒病人的阐释和面质吗?如果进行谈话本来就是违法的,那么一旦遭到病人的告发,他们就会有被判入狱的风险,在这种情况下分析师还会坚持对错过的时间收费吗?分析师和病人结成一定程度的反政府同盟时,他们会串通起来,使病人的"极权主义部分"很容易地被否认和投射。在这样的背景下,分析设置的部分自由度和深度再一次受到妥协。

经济改革和精神分析:在东欧的复兴

1991年,苏联解体后,东欧的精神分析教育出现了供不应求的饥荒现象,许多西方的精神分析师很乐意来帮助这些在东部城市组成的规模较小的兴趣小组或复兴的精神分析学会。寻找定期的好的个案督导和系统理论的传授成为一种挑战。尤其是在新的自由市场环境下,那些经历了大萧条和苦难的国家,对新的临床医生来说更加困难的是去寻求医生个人的培训性分析。IPA 与欧洲精神分析联盟(EPF)共同组建了临时的培训机构,即著名的东欧精神分析(PIEE,Psychoanalysis in Eastern Europe)。这一组织其实是一个"虚拟的"培训机构,真正落实培训工作的仍然是 IPA,通过直接成为 IPA 成员的方式授予学员精神分析资格，直至他们在自己的国家能够形成得到 IPA 认可的、自己的"学习小组"，并开始沿着更为常见的路线建立自己的培训。

　　PIEE 的申请者常常在本国无法享受分析培训，他们常常需要乘坐汽车或火车长途跋涉地来到另一个国家参与"飞行分析"（shuttle analysis）的培训。这些分析通常包括，每隔四到六周，会有一到两周的日常分析，有时甚至每日两次分析。督导（虽然不是分析）常常通过电话，语音甚至是电子邮件来进行。许多西方国家提供了特殊的理论培训项目——特别是芬兰的赫尔辛基和荷兰的阿姆斯特丹。所有这些都意味着，尽管得到许多社团的捐赠，且培训费用较低，但对于精神分析的候选人及其家庭来说，无论在情感还是经济方面都意味着巨大的承担和付出。IPA 提供了重要的资金，包括那些持续几周针对候选人举办的年度教学研讨会的资金。那里的老师主要来自西方，而学生主要来自东方，语言便成了一个关键问题。飞行分析经常会遇到一种情况，即进行分析的语言既不是分析师的母语也不是病人的母语。这种情况在教学中真实存在，通常会借助翻译来解决，但大多时候还是会要求学生精通另一种语言，通常是英语。

　　当同僚们跨越东欧接受了精神分析的培训后，便可以在他们本国将这些理念介绍给其他人，并且能够建立精神分析心理治疗以及最终开展精神分析培训。他们也有机会向他们自己的医保机构和其他社会机构介绍精神分析的人文观。涉及 PIEE 的庞大的国际性合作阐释并凸显了精神分析及其工作所激发的热忱和激情。

结论

这一章我们描述了在许多不同社会和政治文化背景下精神分析的发展情况。我们看到，精神分析的研究工作是多么容易偏离正轨：精神分析师们为了它的普及而过于一致，与病人过于共谋，受到压制政府的过于认同。同时我们也可以看到，在如此冷漠的空气中，坚定而值得信赖的观点是如何帮助精神分析生存并不断发展、更新。

第五章　对精神分析的批判

究其本质，精神分析就是谈本能、非理性和模糊不清的东西，因此它具有颠覆性，并且令人感到震惊。同时精神分析师不应该满足于将所有的挑战都作为挑战者的"防御而已"来理解与处理。我们肯定了解，如果精神分析从未受到过批评，它早就消失了。而精神分析师也不应过多地通过妥协、一致性来寻求人们的接受。例如，20世纪五六十年代在美国的精神病机构中，自我心理学保守派的蓬勃发展不可避免地将自身推向了修正主义者的批评之中（见第四章）。当今英国，由于不知不觉产生了许多其他形式的咨询和治疗，其中一部分还没有形成良好的执行标准和伦理规范，所以，精神分析也是问题重重。作为某种发展的代价，它在公众头脑中也变得混乱了。本章介绍了精神分析理论和实践所遭受的批评。对这个复杂的问题做出公正的评判是不可能的，所以（我们）只是提供丰富的资料以供进一步的研究。

因为人们可以也习惯于研究自己和他人的心灵，所以每个人都倾向于认为自己是这方面（心灵）的专家；而具有特殊专长的物理学家却永远都不会受到类似的大众化贬损。弗洛伊德的观点常常以惬意、平庸的形式渗透入我们的文化中，这种渗透具有双重性，有利也有弊。福瑞斯特（Forrester）沮丧地评论道："有关弗洛伊德的写作总是一个去除读者们受到的（错误）教育的过程（1997: 12）"（译者注：即读者们在阅读弗洛伊德的著作前，已经由于错误的教育而对弗洛伊德主义产生了诸多误解和刻板印象，如我国有些读者以为弗洛伊德是泛性论者和唯心主义者）。对精神分析的批评不乏"泛泛之辈"，因此精神分析普遍受到误传和扭曲。许多对精神分析的批评都有一个值得注意的特点就是他们把重点放在对弗洛伊德，特别是他距今100多年前的早期理论上。利尔（Lear，1998）指出我们会对弗洛伊德上瘾，就像对僵化的症状上瘾一样，所以才会不断将其偶像化或对其进行指责。从业的精神分析师经常感叹他们的理论受到曲解、被认为是另一个陈旧的版本，以及被媒体误传和攻击的"古老"作品，就好像弗洛伊德之后那些活跃而有创意的思想家从未出现过似的。

对精神分析的批判我们大致上分为五类（疗效的问题在此并未涉及，它们包含在第六章的部分内容中）。第一，关于精神分析对真理的主张出现了哲学式的争论，即争论的主题常围绕着精神分析是科学还是其他的什么东西？第二，对弗洛伊德作为思想家的原创性的挑战：精神分析真的就是一些新颖而重要的东西吗？纵观精神分析发展史，许多研究者对此提出质疑。第三，对精神分析政治和思想方面的批评。其中一些是针对精神分析治疗关系中存在着力量失衡这一问题的挑战；另一些则是针对与精神分析相关的组织机构的异议；其他还包括有影响力的女权主义者对精神分析提出的批评，针对精神分析理论的某些部分所提出的特别的异议。第四，来自病人的批评，他们描述了分析师或治疗师的不敏感、甚至是滥用治疗。最后是所谓的"全面的"批评，即那些对精神分析公开、恶意的攻击，通常主要针对弗洛伊德的道德完整性而展开，并由此将这种个人攻击泛化至精神分析的所有方面——理论、方法论和治疗。

对精神分析有关真理和知识主张的批评：波普尔（Popper）、斯欧弗飞（Cioffi）、格约鲍姆（Gruenbaum）以及其他人

精神分析就"人的心理"这一主题所主张的真理价值及其解释力度时常引发激烈的争论。盖登尔（Gardner，1995）表示，人们对弗洛伊德观点的直观接受性的有完全不同体验。一些人感到精神分析是遥不可及的、陌生的，而另一些人则感到和精神分析有着天然密切的关系。这些基于直觉的不同体验激发了人们对"是否应该严肃对待精神分析思想"的理论性争论的热情。

弗洛伊德断言，精神分析是自然科学的一个分支，这确保了人们对此职业的尊重（保留至今）。同时也立即导致了一个与此相关的问题，即心理学科学的本质性。我们涉及的是一个开放

的体系，其中包括许多变量，许多内在的不可观察的变量，基于这些变量在事物间建立严格的因果关系肯定会遇到很大的困难。除了在行为和神经化学层面以外，人类心理学在其他层面都存在关于可验证性的复杂问题。以物理或化学作为一种模型的严格经验论者可能会指责精神分析师的难以捉摸，但这一问题的出现至少部分是因为精神分析所研究的材料本身是难以捉摸的。因此，除非我们能扩大对科学的定义，否则很容易将精神分析指责为不科学的，而且许多科学哲学家已经这样做了。

尤其是波普尔（Popper，1969）和斯欧弗飞（Cioffi，1970）都断言：精神分析不是科学！因为它的论点是不可证实的。他们进一步指出，精神分析和占星术、颅相学一样是伪科学，它们任意地使用有缺陷的方法学。例如，为了能解释新的材料，它不断地对它的理论进行添加而非抛弃。他们还暗示，通过精神分析师来验证他们自己的理论是不可信的，这会导致更大的偏移。所以，验证工作必须由外部观察者才能公正地进行。

在卡斯因等（Cosin et al.，1982）对波普尔和斯欧弗飞进行逐条批评的过程中，他们认为这两个人对于科学知识的进步方式的看法不可理喻。希望每一个科学家花费大量的时间来驳斥、废除某个观点，而不是按照预期的方式来完善它们是不切实际的、也是有悖理论产出的。他们还表明，波普尔和斯欧弗飞也无法区分核心的科学理论以及组成它们的假设。精神分析不是一元论，而是像其他科学一样，具有复杂可变的结构与不同水平下的概念和假设等组件。事实上，其中的许多概念和假设可以、也必须得到完善或摒弃，而不是也无须抛弃整个理论。物理科学理论被认为是最出类拔萃的可证伪的理论，但它本身只有当出现了能够更好地满足数据的替代理论或产生了更多的研究问题时，才会摒弃原有的理论。

盖登尔（Gardner，1995）指出，按照波普尔的标准，甚至连理论物理学也是伪科学，因为它显然也总是在寻找策略去适应那些顽固的数据。强调在精神分析设置内产生的结果应该仅由外部的非分析师人员证实才可靠也是毫无意义的；毕竟，在理论物理学中出现类似的现象肯定十分可笑。每门科学只有在它自己的参照范围和方法学内由自己的专家来验证它才能发挥作用。来自其他领域的观点只能给研究带来额外的确证、质疑或激励。事实不能独立于理论而被描述。我们知道，纯粹的观察只是一个神话。说了这么多，像阻抗、矛盾情绪、多因素决定、反向形成等现象的确会诱惑分析师用"二者兼得"来加以说明。精神分析理论的灵活性意味着分析师必须格外地被限制在其应用范围以内。

心理活动的潜意识概念似乎为科学的批判树立了一个明显的靶子。批判者们问，本质上无法观察到的东西如何得以真实地证实呢？就精神分析而言，潜意识信念和欲望的观点使得以前无法解释的现象需要被概念化，如梦、口误和症状。霍姆斯（Holmes）和琳德雷（Lindley，1989）比较了牛顿对伽利略惯性理论的假设：除非有外力的作用，否则一个物体将永恒地沿直线运动。尽管这一作用力不能被证明，但作为公理它被假定存在。同样精神分析师也能以同样的方式观察潜意识动机的作用效果，以及寻求它的准确实质。物理学中许多关于重力的本质依旧模糊，但它的概念却是必不可少的。此处的关键问题是，当与其他貌似合理的假设和观察结合时，它们是否会产生有趣的或者是有用的预测和解释。

现在我们来看几个例子，几个向精神分析是否是一门科学发起抨击的特殊例子。波普尔（Popper，1969）抱怨说，精神分析旨在解释精神世界的任何东西，然而事实上却什么也没有解释："这是一个典型的占卜者的伎俩，含糊地预测某些事情，使得这些预测绝不会失败：预测变得不可驳斥"（37页）。波普尔以一种奇特的方式来支持这种指责，即他自创的一个例子："我或许能够用人类行为的两个例子说明这一点：一个有着将一个孩子淹死意图的人将孩子推进了水里，另一个人为救那个孩子而牺牲了自己的生命。"他说："阿德勒（Adler）会将两者解释为自我决断的行为，为的是在摇摆与迂回中取得胜利；而另一方面，根据弗洛伊德的理论，第一个人遭受了压抑（俄狄浦斯情结的某些成分），而第二个人则是一种升华"（1969:35）。卡斯因等（1982）指出：复杂的理论概念（升华、俄狄浦斯情结）怎么能用这么稀奇古怪的例子（无关乎弗洛伊德、阿德勒所写）断章取义地随随便便地加以运用和呈现呢，然后这些术语又被归因于弗洛伊德，从而使它看上去显得荒谬可笑。波普尔和斯欧弗飞（Cioffi）就是这样经常偷换概念的。

另一个例子，斯欧弗飞反对使用精神分析做出"替代解释"。源自弗洛伊德的两个独立记述以如下的方式被并列提及："如果

第五章 对精神分析的批判

父亲是严厉、有暴力倾向的、残酷的人，超我就会从他那儿吸收这些品质"，同时"过分宽容、纵容的父亲培育了一个严格超我的发展。"斯欧弗飞对此进行了"浓缩"和"归纳"，使之变为："如果一个孩子形成了一个施虐的超我，他或者有一个严厉的、使用惩罚的父亲，或者他没有这样的父亲"，并评论道："这或许正是我们想发现的，是否在他父亲的性格与他超我的严厉性之间没有任何联系"（1970: 484）。从而，他断定弗洛伊德的解释是没有意义的。

在此，我们需要指出相关的几点。首先，在斯欧弗飞对弗洛伊德理论的粗心阅读和理解中，通过排除整个中间部分，他删除了"通常"宽容或者严厉的父亲的所有的例子。精神分析师确实倾向于观察到极端的养育有助于严厉超我的形成，从"常识心理学"的观点来看（简要地进行讨论），这或许对许多读者来说有着直观意义。临床上，每个超我的"体验"可能是不同的。例如，在"宽容的父亲"的例子中，我们会发现更多的愧疚，因为病人经常感到"侥幸逃脱"了自己的攻击性和不端行为，而不是像在"严厉的父亲"那样的例子中，受到了不公平的惩罚。还有，每一个例子都是独特的，对于一个严厉超我的形成，严格（或宽容）的养育既不是必要条件，也不是充分条件。

弗洛伊德逐渐形成了当代精神分析的立场：对于特殊的神经症性问题没有特殊的或者一般性的决定因素。在评价某一事件对某一特定个体的致病性时，弗洛伊德关注于该事件对此人的意义。尽管非常负性的儿童期环境在很大程度上有着负性的影响，但该效应的准确实质却无法得到预测，这是因为人生中有许多变量，至少不仅仅只是一个人用以适应和解释自身环境的天生的个人气质及个人的一整套的幻想信念。

斯欧弗飞从根本上来说误解了有关精神分析的这些事实。他通篇查阅了弗洛伊德的著作试图表明，在"治疗"和对儿童期病态的性事件和刺激的回忆之间没有直接的联系，貌似这一点反而在支持着理论和治疗。卡斯因等（Cosin et al.，1982）详细地注意到弗洛伊德的著作再一次以歪曲和脱离上下文的方式被使用，并表明斯欧弗飞的所有努力都没有抓住问题的关键。除了弗洛伊德非常早期的工作（19世纪）外，在他所有的理论中，都强调了压抑、阻抗和移情的动力学因素，这些东西也构成了精神分析理论和实践的实质，而斯欧弗飞恰恰完全忽略了这一点。斯欧弗飞花费大量精力来废除的简单因果关系模式根本是不被认可的精神分析理论，它或许符合有关心理的老式行为模式，就好像刺激和反应之间的一个"黑箱"。斯欧弗飞和弗洛伊德就好像彼此擦身，但却没有辨识到对方。弗洛伊德关注于精神的机制和过程；斯欧弗飞因对弗洛伊德著作中某些假定存在的理论的偏见而把自己卡在了死胡同里。

阿朵夫·格约鲍姆（Gruenbaum，1984）与波普尔（格约鲍姆严厉地批评了波普尔肤浅以及草率的工作）相反，坚持认为精神分析能够受到科学的评价，并指出弗洛伊德（格约鲍姆以多种方式公开表达了对弗洛伊德的崇拜）也试图做到这一点。为了得出科学的结论，格约鲍姆注意到弗洛伊德在导论中所撰写的一篇评论。在这个特定的段落中，弗洛伊德提出了这样的一个观点，即顿悟或许仅是暗示的一个结果。他告诉我们，分析师的暗示或许对一个病人在理智水平上有些效果，但是，在情绪上，以及涉及病人的疾病，"只有当给予病人的预期观念和他的真实想法相符合时，才能成功地解决他的冲突，并克服阻抗（1917b：452）。"

格约鲍姆运用这句话建立了一个假说（"符合参数"），他相信整个精神分析都依赖于此假说（他似乎相信弗洛伊德也相信此假说）。这个假说就是，没有领悟就无法治愈神经症，但只有精神分析能够提供领悟，由此治疗，也只有治疗效果能验证理论的真实性。格约鲍姆接着进一步详尽地演绎了：因为精神分析能够可靠地治疗病人这一点没有得到证明，且治疗也能以其他形式发生，甚至是自发地发生，所以精神分析才遭到了歪曲。

睿智的历史学家鲍尔·鲁滨孙（Paul Robinson）与许多其他人一样，认为格约鲍姆选择了弗洛伊德相对偶然的评论，"用哲学的大山来解释鼹鼠的小丘"（1993: 217）。鉴于鲁滨孙对弗洛伊德所做的广泛研究，他对格约鲍姆有关这一点的短视深感奇怪。弗洛伊德常常对于治疗表现得较为悲观，其实在临床和非临床领域他都明显地使用了许多针对精神分析观点的证据，如梦、口误、神秘、神话和诗歌。

吉姆·霍普金（Jim Hopkins, 1998）、里查德·沃尔海姆（Richard Wollheim, 1993）和塞巴斯蒂安·盖登尔（Sebastian Gardner, 1995）均为哲学家，他们发展了一个重要的、被格约鲍姆以及他的同事科学的批评所忽略的主题，即精神分析起源于并建立于"常识心理学",是我们用来解释自己以及他人关于愿望、信仰、情感、意向等,包括迫切的和自欺欺人的想法的基本方式。通过解释迄今为止的诸如症状、梦和口误的不合理或难以解释的现象,以及构建基于常识心理学的心理结构画面,精神分析有助于拓展我们对自己理解的广度和深度。常识心理学适用于科学性的探索,但却不适用于物理科学中那种对因果关系可能性的严格验证。盖登尔指出当一个初学走路的孩子说"喝"并且拿到杯子时,我们假定在动作和喝的想法之间有因果联系。根据格约鲍姆的严格要求,像这样的因果关系,只有在我们能够归纳性地证明"'喝'这个言语是喝这个想法的指示物",以及"喝的想法使得去拿瓶子"时才能假定存在(1984: 108),这是非常荒谬的。盖登尔指出,尽管我们的因果关系假设在心理学中必定是暂时的、不可靠的,但并不意味着我们必须摒弃使用它们。

格约鲍姆反对自由联想以及弗洛伊德普遍运用主题链接来探索潜在的意义和原因。霍普金(Hopkins)和沃尔海姆(Wollheim)对此也进行了阐释。日常生活中,人与人之间的很多理解就是建立在这种言语链接的基础之上的。弗洛伊德在他的方法学中用直觉逻辑的方式对此进行了扩展。根据弗洛伊德的观点,梦和口误都是通过联想的途径形成的,经由相反的过程自由联想揭示了这一途径。格约鲍姆好像根本没有把握住弗洛伊德这一方面的想法。总体来说,他没能对弗洛伊德有关心理的复杂结构的贡献做出公正的评判,而是像斯欧弗飞一样,陷入到对症状的儿童时期病因学的争论当中,但这实际上只是精神分析的一点皮毛。沃尔

第五章　对精神分析的批判

海姆还对格约鲍姆自由使用暗示概念来解释精神分析的发现提出了反对意见，格约鲍姆认为在这一过程中病人仅仅只是说出了分析师想听到的东西。沃尔海姆指出，这一过程在格约鲍姆的思想中变得异乎夸张；人们被假定为多么的无助、易受欺骗，沃尔海姆向格约鲍姆发起了挑战，要求他找出一个详尽的、合理的和确切的心理学理论，来解释这些暗示是如何和为何发生的。

鲁滨孙（Robinson，1993）建议我们应该接受，自我的观点永远不能获得有关其本质的具备足够严谨性的观点，因此，精神分析必须位于科学与人文学科之间。他以达尔文主义科学为例：

> 同为经验主义的和解释学的：为了揭示隐藏的事实，即自然选择的作用，通过解密线索而起作用，比如灭绝物种残留的化石。当弗洛伊德为揭示潜意识所隐藏的事实而解释梦、口误和神经症症状的证据时，运用了与此完全相同的方法。科学实际上是一个连续体，就此而言，精神分析是继达尔文时代之后它的延续，理应获得被尊重的地位（1993: 262）。

有人指出摆脱有关精神分析科学状况争论的方式之一为认定（与弗洛伊德自己的观点不同）精神分析纯粹是一个解释学的概念，与可能的意义、推理有关，而非与机制和原因相关。大卫·威尔（David Will，1986）指出，这一立场实际上是无言地接受了波普尔的狭隘科学观，放弃了探求有关"主观性的客观事实"的渴望。威尔指出在人文科学和自然科学中必须使用不同的调查技术，因此，就会产生"认识论"上的差异。然而，不论是人文科学还是自然科学，都必须接受真理的检验，因为"存在论"的形式不会有差别。对于一个有待验证的精神分析假设而言，它必须和一个真实的心理过程或事实一致。解释学的立场会很快因为陷入到相对主义而坍塌，同时精神分析也失去了揭示个人和显露自欺欺人的力量。例如，阻抗的整体概念也被分解。自欺欺人的概念以及最后是真实和错误的概念也将消失，最终，我们仅能评论人们对于世界做了些什么。

对弗洛伊德的高度和独创性的批评——"语境主义者们"：罗雅曾（Roazen）、艾伦伯格（Ellenberger）、苏诺威（Sulloway）

有时我们会认为，欧内斯特·琼斯（Jones, 1953: 57）的弗洛伊德传记理想化了其主体，就推翻英雄的现代倾向而言，存在着许多对此的挑战不足为奇。鲍尔·罗雅曾（Paul Roazen, 1969；1971）就是一个传记作家，他对弗洛伊德采取了比琼斯更多的批判视角，但并没有损及弗洛伊德的天才和独创性。亨利·艾伦伯格（Henri Ellenberger, 1970）在批评弗洛伊德的高度上走得更远，他用独特的方式将弗洛伊德描述为"动力性精神病学"的长期传统的继承人，他从显性和隐性两方面对弗洛伊德的独创性提出了挑战。艾伦伯格表示，与弗洛伊德同时代的人物如阿德勒（Adler）、让内（Janet）有着和弗洛伊德一样多的，甚至比他还要多的成名之作，但仅仅是出于历史的偶然性才被作为次要人物为人们所记住。第三个另类传记者是福兰克·苏诺威（Frank Sulloway，1979），他对于弗洛伊德的观点有着非常明显的"责备中带有少许褒奖"的色彩，并且形成了一个有特色的论题，即弗洛伊德甚至根本不是一个真正的心理学家，而是一个"善于空谈的社会生物学家"，他大多数的独创性观点显然都归功于弗利斯与达尔文。这些批评都是"语境化的"，因为它们借用弗洛伊德的生活和工作，以及借用他周围的人和思想来质疑他的高度和独创性。

在任何历史性的重构中，细节性的东西都可能受到合理地质疑，并被提出不同的诠释。然而，读者有时能够注意到对传记对象的理想化或敌意，苏诺威在其作品中，毫不掩饰地表达了对弗洛伊德的敌意，而罗雅曾在这一点上是完全不同的。精神分析是一门非常年轻的、非常个人化的行业；了解、爱戴并尊崇弗洛伊德的人以及弗洛伊德的紧密追随者在20世纪的后30余年才去世。因此，对任何传记研究的反应必定是复杂的，有时也会是充满热情的。

罗雅泽（Roazen，1971）曾运用大量的访谈资料作为重要的资源，这些资料源于100多位认识弗洛伊德的人，他们是弗洛伊德的同事、家人、朋友或病人，又或者他们参与了早期的精神分析运动。一位愤怒的评论家沃尔夫（Wolf，1976）认为"口述历史"与"闲谈"之间的区别，取决于一个人是否以学者的方式去使用这些资源。他认为，罗雅泽刻意抛出对弗洛伊德不利的一面。约翰·盖多（John Gedo，1976）也同意此观点，他所质疑的内容涉及罗雅泽所指出的针对弗洛伊德的师徒关系的精神分析运动的无用倾向。

库尔特·埃斯乐（Kurt Eissler，1971）对罗雅泽呈现有关弗洛伊德与维克多·陶斯克（Victor Tausk）之间悲剧性关系的（Roazen，1969）方式感到愤怒。罗雅泽（1977）随后也竭力驳斥了埃斯乐的批评。弗洛伊德在罗雅泽的文章中是作为一个复杂而非常成功的人出现的，虽然罗雅泽也常常注意到弗洛伊德的困难和弱点，但他并没有在总体上攻击弗洛伊德，正如在很多情况下，他所攻击的是精神分析本身的可信度。

艾伦伯格对动力性心理学在过去两个世纪的发展的追踪研究，因其包罗万象的知识而受到了广泛的尊重（e.g. Abrams，1974；Mahoney，1974）。研究的中心主题是（在艾伦伯格看来）为什么具有同等天才和重要性的四个人——让内、弗洛伊德、阿德勒、荣格遭到了历史如此不同的评判。尽管艾伦伯格承认精神分析方法的创新本质，但他对许多归功于弗洛伊德的特殊独创性，尤其是对潜意识的重要性的发现进行了辩论。艾伦伯格从另一方面赞扬了弗洛伊德的创新，即创建了一种"学派"，认为它是古罗马和古希腊哲学学派的复兴。

艾伦伯格将分析培训比作一种"启蒙"以及"向隐私和整体自我的屈服"，这种启蒙和屈服是通过将追随者，比以前的毕达哥拉斯学派（Pythagorian），斯多葛学派（Stoic）或伊壁鸠鲁学派（Epicurean）的那个时候，更加紧密地整合到其自身的组织即"学会中"来完成的（1970：550）。相对于艾伦伯格的历史学识，阿伯让姆（Abrams）和玛霍妮（Mahoney）较少受到艾伦伯格对精神分析本质特性理解的影响。他们认为，艾伦伯格对详细而零碎的语境把握，使他没能掌握到新的完形或范式的精髓，即弗洛伊德由原始的材料中发展出的可掌握的思想。

鲁滨孙（1993）指出，无论是艾伦伯格还是罗雅泽，对后人而言，均是对弗洛伊德进行更为有血有肉地批评的重要先驱，他还详尽地评价了后来的批评家之一弗兰克·苏诺威（Frank Sullowan）。苏诺威，自然科学历史学家，师从社会生物学家爱德华·O. 威尔逊（Edward O. Wilson），他试图将弗洛伊德放在从达尔文到威尔逊的传统进化思想之中。他主张，通过将弗洛伊德认为是心理学的思想家，使弗洛伊德从根本上遭到了扭曲。他试图以一种公然带有敌意的方式使"弗洛伊德神话"失去权威性，其他的批评者也大量采用了这种方式，全然不顾苏诺威主张中的偏离。这种偏离部分在于，他断言弗洛伊德的部分理论的建立是一种"非常成功的政治策略"，是用来伪装弗洛伊德的生物学传统以及假装他是一名独创性的心理学家。

鲁滨孙认为，苏诺威自身的部分策略是"通过联想"对弗洛伊德进行贬抑，将一些思想家对弗洛伊德的影响加以夸大，而对其他的方面则不予重视，并服务他自己的"生物学"主题。在苏诺威的重新诠释中，作为一个对弗洛伊德有重要学术影响的人，弗利斯（Fliess）是一位关键人物，因此他必定从历史记录中无足轻重的平常地位跃居至重要的位置。就苏诺威而言，弗利斯给予了弗洛伊德关键的进化思想（如与鼻子、双性现象相关的进化意义），这一思想形成了精神分析理论的隐藏核心。

鲁滨孙证明了这一证据是极其勉强且不足以令人信服的，因为苏诺威是通过大量的曲解使得微薄的事实能够满足他自身的理论。同时，苏诺威几乎完全忽视了精神分析作为其主要方面的心理学内容，如潜意识。鲁滨孙感到在苏诺威的观点中有着极深的反精神分析的偏见，例如这些观点阻止他看到俄狄浦斯情结的任何意义，而只是完全将其作为生物学的"心理学相关物"一带而过。

苏诺威甚至较艾伦伯格（Ellenberger）有着更为强烈的倾向，认为整体等于部分之和。因为弗洛伊德受到了当时进化生物学家、性学家等的影响，他显然不可能是理论的原创者。还有，如弗洛伊德、达尔文这样的天才，当他们将已知的东西合成一个新的概念整体时，似乎并没有完全想好。鲁滨孙提醒我们，知识革命不可能在真空中产生，而是正如托马斯·库恩（Thomas Kuhn）所说的那样，它总有着充分的准备。

对精神分析的政治和意识形态方面的批评：米勒特（Millet），提穆潘纳诺（Timpanaro），斯察茨（Szasz），里科罗夫特（Rycroft）

从一开始，精神分析理论与实践便以不同的方式，由个人主义者、爱国主义者、男性至上主义者、革命者、反动分子

第五章　对精神分析的批判

或杰出人物等不同的社会人士定位并被染上自由主义、权威主义、守旧或激进等不同的政治色彩。斯蒂芬·弗罗施（Stephen Frosh，1999）认为，这一观点部分地由一个人对精神分析的看法所决定：对精神分析的不同的探索方法反映了不同的社会内涵和政治角度。弗洛伊德不同的作品也可能导致不同的结论。例如一些女权运动者（如Millett，1970；Greer，1971）将弗洛伊德的著作视为对她们的事业有害的读物，而另一些人（如Mitchell，1974；Chodorow，1978）则将这些作品视为他们真正的盟友。一些批评并没有对理论和实践本身的内容进行过多的议论，而是对精神分析研究所和学会的政策的权威性与反创造性表示不满。

　　女权运动者对精神分析的批评始于20世纪60年代末至70年代，她们特别痛恨弗洛伊德对女人的描述——即女人在生理和精神上都低男性一等，这完全是由她们缺乏阴茎而不是由她们自己具有独特的属性决定的——并对此进行了辩论。阳具嫉羡（penis envy）的概念特别具有煽动性，同时弗洛伊德如下的观点也具有煽动性，即女性并不是仅仅只是感觉到比男性低一等，而且女性通过不同的生物学特征诱发了依次不同的发展道路，所以，女性实际上是注定比男性低一等的，如在智力、道德感和建立成熟关系的能力上。女权运动者的批评还包括了弗洛伊德有时对女性病人的专横治疗，如杜拉（Freud，1905c）。

　　所有这些被引发的刺激反应意味着在弗洛伊德后期的作品中许多激进的、对女性（和男性）有着潜在解放意义的观点往往从一开始就被忽视掉了。但弗洛伊德毕竟是他那个时代的一名男性，他比其他很多人更尊重女性、对女性有着更多的思考；且精神分析也是早期能够接纳女性从业者的少数职业之一。要补充说明的是，尽管其他精神分析师（如 Ernest Jones，Karen Horney，Helene Deutsch，Melanie Klein）的著作，关于女性的观点比弗洛伊德的观点更具有替代性和更令人信服，却也常被早期的女权运动者的批评所淹没。与此同时，关于女性、母亲和婴儿（还有父亲）的有趣的新观点也遭到了忽视。比如说，当阳具嫉羡的概念与对母亲的能力（"乳房"）和对父母配偶的嫉妒的概念相提并论时，后者也就变得不那么离谱了。

按照弗罗施（Frosh）的观点，女权主义者们对她们所致力的人道主义和意识提升的治疗方法感到失望，这有助于她们最终回归精神分析，以及理解诸如父权和其他社会规范是如何被内化的精神分析的强有力的概念及工具。弗罗施将此视为精神分析的普遍政治力量：它能分析社会的结构是如何被内化到个体身上的。通过这一理解，改变至少成为一种可能。

弗罗施讨论了左翼思想家是如何因精神分析理论强调生物性的本能和驱力而感到不安的，因为左翼思想家鼓励有关人类本质不变性的观点，导致了诸如父系社会不平等的社会必然性。尽管马克思主义的批判家赛巴斯蒂安诺·提穆潘纳诺（Sebastiano Timpanaro）并没有完全对精神分析感到不满，但在他其中的一段文章中指责精神分析是"资产阶级的教条……视野不能超出由中产阶级的阶级利益所准确界定的意识形态范围"（1974: 12）。按照提穆潘纳诺的观点，中产阶级家庭生活的人工产物会被误认为是生物学事实。然而，即便是避开驱力理论，费尔贝恩（Fairbairn）和科胡特（Kohut）的理论也会陷入到不同的意识形态的问题之中。他们强调母性的给予，认为所有的心理病理都与环境（尤其是母性）的失效相关，这似乎是将母亲的身份理想化并毋庸置疑地将女性从工作单位拉回到家中。弗罗施还将经典的自我心理学强调对社会的适应这一点视为在政治方面的妥协，认为这是鼓励盲从。

弗罗施与米契尔·鲁斯丁（Michael Rustin，1991）在政治上喜欢后克莱因时代的概念取向。弗罗施认为，比昂（Bion）的容器理论隐讳地恢复了常常在克莱因那儿遭到低估的环境的动力性功能，同时允许个人与环境之间的辩证交锋。弗罗施与鲁斯丁将此视为对反社会、反变化的人类攻击性的恰当揭示，同时也为努力成为较好的社会提供了有力而乐观的修复性概念。

玛森（Masson，1989）的极端观点认为：所有不平等的治疗关系会导致滥用（下面将会讨论）。托马斯·斯察茨（1969）对于由政府提供的心理治疗有着类似的观点，因为这种治疗将不可避免地成为洗脑、成为被政府控制的一种方式。霍姆斯与琳德雷（Holmes & Lindley，1989）认为斯察茨（Szasz）的"右翼自由论"的观点不可信，且非常傲慢。斯察茨认为，富人寻求个人治疗看似很高兴，但穷人需要的是工作、金钱，没有受教育的人需要的是知识、技能，而不是精神分析。按照斯察茨的观点，精神分析所允诺的个人自由论仅对那些在很大程度上享受了经济、政治、社会自由的人才有意义。霍姆斯与琳德雷断言，这种表面上吸引人的争论依赖于一种错误的二分法，一方面是工作与金钱，另一方面是心理治疗。为什么一个人不能同时需要二者？在公众部门从事心理治疗的精神分析师经常有着很深的印象，即病人如何自由地从各个方面获得发展，而不仅仅是工作上更为成功（和赚更多的钱）。

精神分析经常受到的批评是，它具有高人一等的优越感，只对那些少数能支付得起的人才有效，而该批评可以用下面的一个问题来回答：为什么我们在英国能接受精神分析？因为斯堪的纳维亚国家将密集精神分析性心理治疗纳入到了由政府提供的常规精神健康治疗中。或许（我们）会想，如果英国仅富有的人支付得起心脏移植手术，而对于其他心脏发生意外的病人政府仅能给予表面症状的缓解，会不会随之而来的出现很多抗议呢。值得注意的是，至少在英国，精神分析不是一个富有的职业，大多数病人也并不十分富有。他们在追求心理生活的改善时通常会以相当可观的物质利益为代价。

最后，一些对精神分析持有异议的分析师，如里科罗夫特（Rycroft，1985）就曾责备精神分析机构有派系分裂的倾向，并选择在这些机构之外工作。讥讽的是，问题可能常会以一种新的派系的形式再度出现，这次一群反对者通过背叛自己来做分析。罗斯汤（Roustang，1982: 34）富有挑战性的论点表示："没有好的精神分析学会"，这尤其适用于拉康学派（Lacanian），罗斯汤将其视为特别狂热的、以领导为中心的学派。然而，这样的现象提示了人们，当在学习和使用这种极其个人化和情感化的学科时，可能陷入的困境。

来自病人的批评：苏特兰德（Sutherland），桑多斯（Sands）和其他人

病人如玛丽·卡丁纳（Marie Cardinal，1975）记录了一些关于促进正性人生改变的治疗体验的词条。其他的病人则讲述了一些错误的治疗，在这些治疗中他们感到被误解或被虐待。通常，这类作者均假定他们的经历具有代表性，因而得出结论：他们的治疗师所采纳的治疗模式从根本上来说是有缺陷的。作为一个患有躁郁症的病人，斯图亚特·苏特兰德（Stuart Sutherland，1976）描述了自己的治疗经历，他接受了许多不同的心理治疗方法，对他都没有很大的帮助，他也花了好几个月的时间在精神病病房接受各种药物治疗，还与两个表面上自称是精神分析师的人有过短期的接触。尽管苏特兰德未提及这两个人的培训背景和隶属组织，但根据他的描述，这两个人的行为看上去非常怪异，毫不尊重界限，并会做出野蛮的解释。我们想知道，为什么分析师会像病人所描述的那样如此轻易地、随便地对患有精神疾病的人实施分析治疗；通常，它应该是由有经验的专家来实施这一工作，在适当的地方给予精神病学恰当的支持。

尽管我们不知道苏特兰德的"分析师"是否接受过正规培训，但韦芮·格德蕾（Wynne Godley，2001）在英国精神分析师马苏德·坎（Masud Khan）那儿的经历却清清楚楚地证明了这位资深

治疗师对病人造成了严重的虐待。分析师退化到一种浮夸的精神状态并且完全没有自我觉察，这种情况一直持续到他通过破坏界限，威胁病人以及野蛮解释对病人造成伤害。这一事件对于精神分析的发展起到了良好的警策作用，推动了精神分析在伦理和临床管理方面的改善。（见第九章）

安娜·桑多斯（Anna Sands，2000）充满感情地描述了两次心理治疗的不同经历：第一位是自称为"心理动力学"取向的治疗师，安娜感觉到此人十分固执且毫不敏感。桑多斯也常常不明就里地将这位治疗师对她实施的非高频的治疗称为"精神分析"，并基于这段痛苦的治疗经历，得出了许多有关精神分析的负面结论。她并未提及第一个和后一个治疗师到底接受过什么样的培训。而第二位治疗师则帮助她治愈了上述所遭受的种种伤害，她觉得这位治疗师热情、敏感、友好，有助于病人呈现自我（见第八章对心理治疗不同方法的讨论）。桑多斯所著书籍中，精彩地呈现了如果不能灵活而巧妙地捕捉并解释强烈的负性移情，非社会性的治疗姿态是如何直接而毫不留情地唤起并强化受伤感和疏离感的。

全面的批评：理查德·韦伯斯特（Richard Webster），弗里德尼克·克鲁斯（Frederick Crews），杰福里·玛森（Jeffrey Masson）与其他人

许多评论家对精神分析的各个方面发起了更广泛而深入的攻击。从而使得弗洛伊德本身的性格和正直也像他的研究方法、治疗立场和整个思想体系一样受到质疑。虽然后弗洛伊德时代已经到来，但上述攻击仍在某些限制外以同样的方式进行着：过去和现在，整个精神分析的职业和机构遭到显性和隐性地解散。

我们将主要考虑此类批评中的三例争论。尽管有许多其他的例子（如 Eysenck，Fish，Gellner），但我们认为理查德·韦伯斯特（Richard Webster）、弗里德尼克·克鲁斯（Frederick Crews）与杰福里·玛森（Jeffrey Masson）的工作覆盖了我们所要讲的重要方面。韦伯斯特和克鲁斯退休前都是大学的英语教师，韦伯斯特来自东英吉利大学（East Angelia），克鲁斯来自加利福尼亚的伯克莱大学（Berkeley）。尽管韦伯斯特广泛引用了许多其他弗洛伊德批评者的工作成果，但他却是大部头书籍《弗洛伊德为何是错的》（*Why Freud was wrong*，1995）的唯一作者。克鲁斯收集并整理了其他批评者的著作，同时也提出了自己的观点，他用自己有特色的、讽刺性的风格来介绍这些批评并将它们联系起来。《记忆之战》（*The Memory Wars*，1997）是以克鲁斯为《纽

约书评》所写的两篇敌对文章为基础，并将由此产生的一些支持或反对精神分析的生动信件收集在内的书籍。《非权威的弗洛伊德》(Unauthorised Freud, 1998)收集了20位作者的作品，他们不同程度地敌视、批判弗洛伊德与精神分析。

尽管这些批评是全面的，但对于每一位作者而言，通常或多或少都有一个明显的中心主题或先占的观念。有趣的是，克鲁斯对精神分析异议的最初焦点与我们所提的第三个例子——玛森(Masson)截然相反；双方都对心理治疗中所揭示的严重虐待，尤其是性虐待所导致的记忆加以关注，但他们是以互不相容的方式进行关注的。玛森，一个在多伦多接受过精神分析培训的梵文学者，带着深深的幻想破灭感离开这一行业。他的书《对事实的攻击》(1984)以及《反对治疗》(1989)强烈地责备了弗洛伊德。因为在玛森看来，分析师出于胆怯和欺骗，对病人早期的"诱惑假说"加以压制(suppressing)。玛森认为其结果是，许多在儿童时期被父母、其他人严重虐待过的成年人，拥有一种源自治疗师造成的长达数十年的毁灭性不信任感，因为这些治疗师认为他们的虐待是自己幻想出来的。对玛森而言，弗洛伊德全部的研究成果会因他对"诱惑理论的抛弃"而破灭。玛森的书生动而恐怖地描述了那些"助人"行业中发生的对无助成人和儿童的虐待。

相比较而言，克鲁斯对弗洛伊德也进行了同样强烈的批评，因为弗洛伊德坚持认为，他的癔症病人受到了父母的虐待。尽管后来弗洛伊德修改了这一观念，但克鲁斯认为已经造成了巨大的伤害。在他看来，最近一些参与女权运动的治疗师（"恢复记忆治疗师"）重新采取了弗洛伊德早期的、已经被抛弃了的假说，导致许多无辜的父母受害，他们容易受骗的孩子被治疗师暗示性地植入了这一观点，即他们曾经受到过父母的性虐待。克鲁斯认为精神分析理应受到批判，那种认为一个人能够运用压抑或分离的手段来处理创伤性事件的精神分析观点应该被高度怀疑。克鲁斯和玛森两人都将如何使精神分析彻底失去其权威性作为自己的使命，一方是为了保护父母，另一方是为了保护病人。因此，克鲁斯说："因为精神分析理论的极端不可言喻性，如果允许使用者重新调整它的某些部分，就会导致任何新的或复活的合理化狂热。只有彻底批判精神分析才能阻止进一步对'被压抑'的可疑内容进行揭示这一鲁莽尝试。"（1998: xi）

鲁滨孙（1993）对玛森是如何"用充满道德愤慨、充满激情的的语言来写作的，以及他对历史问题的讨论是如何经常轻易地变成了对个人的评判和对人不对事的攻击的（1993:103）"发表了评论。鲁滨孙发现，玛森笔下的弗洛伊德屈于同行的胆怯形象是不符合事实的、令人难以置信的。他独立研究了有关"诱惑理论的抛弃"的相关记录证据，显示了这一切是如何被玛森，甚至后来被弗洛伊德本人过于简单化、歪曲化和神秘化的。事实上，弗洛伊德逐渐改变了自己对癔症发病机制的观点，但也保留了其中的部分观点，如儿童期性虐待会在心理上造成伤害，且时有发生，尽管没有他开始想象得那么普遍。弗洛伊德减少了有关"诱惑"方面的观点，但这并非形成有关俄狄浦斯情结理论的必要条件：他的有关儿童期性欲的观点变得越来越复杂，对精神分析师今天所认识并用此进行工作的幻想与现实（有时是创伤性的）间的紧密相互作用也有了新的发现。

另一个对玛森和克鲁斯有帮助的回答也出现在斯塔布利（Stubley，2000）经过深思熟虑的、公正的评论性文章中，该文囊括了克鲁斯的《记忆之战》和莫龙（Mollon，1998）关于创伤与记忆的学术著作。斯塔布利（Stubley）强调了忍受有关记忆争论中的复杂、不确定和模糊的必要性，以避免受到偏激观点或错误知识的诱惑。

韦伯斯特没有很清晰地表述对精神分析的主要反对意见，但在他密集而又散漫的文章中有一个复杂的中心议程。按照韦伯斯特的观点，弗洛伊德在很大程度上并非原创者，而是（以韦伯斯特自创的法则为标准）将其他作者和诗人的观点据为己有，随后将它们纳入到他牵强的理论之中："在伪科学中，弗洛伊德一次又一次地在'诗意般'的洞察力中窒息，而这种洞察力只在他的想象文学中所瞥见（1995: xiii）。"韦伯斯特认为尽管弗洛伊德给自己树立了一个"无畏的犯禁者"的形象，但事实上，他是一个严格的独裁者，拥有自我理想化和领导者的个性。在世俗的年代里，精神分析是一种偷偷摸摸的信念，设法去愚弄许多知识分子。韦伯斯特说，知识分子具有"天生屈从者"的倾向，他们将大量的成果都归功于弗洛伊德，从而弱化自己。

韦伯斯特也驳斥了几乎所有其他同道对弗洛伊德的批评，指出作为一种矛盾，他们不可能通过真正动摇弗洛伊德的非凡领导力来使自己自由。例如，他提及玛森有着想推翻弗洛伊德的

第五章　对精神分析的批判

"堕落前期"观点的矛盾心理，而格约鲍姆有着试图认真对待精神分析的矛盾心理。一位对韦伯斯特的书进行了深入思考的书评家（Crockatt，1997）得出这样的观点，韦伯斯特暗示他自己才是少见的真正的"无畏的犯禁者"，他不时地在他的立场中变得自大起来。克罗卡特也指出，韦伯斯特反复地、具有误导性地在上下文中使用特定而原始的资源来支持他不同寻常的观点，即弗洛伊德对性有着其压抑的态度，并打算去"净化"人们。

在韦伯斯特所谓"批判性传记"的章节里，他也提出了弗洛伊德有关儿童时期的不寻常观点（这些在以前的传记研究中从未出现过）来解释弗洛伊德的行为，表明他是"被有条件地爱"的孩子，对父母的渴望受挫给他带来了深深的不安全感。韦伯斯特将自己认为可以用来反映弗洛伊德后来的缺陷人格的许多生活事件按时间顺序进行了排列，从弗洛伊德对沙尔科（Charcot）关于癔症的观点产生兴趣（按照韦伯斯特的观点，这是个似是而非的诊断分类），到战胜可卡因；从对弗利斯的"迷恋"，到据传闻他对病人具有胁迫性的态度，以及对他自己女儿的分析。他对这些事件的表述都是以一种不仁慈的负性方式进行的，缺乏学术传记作家惯常的探索，即他没有根据上下文进行讨论并获得理解。

接着，在韦伯斯特的文章中时常反复地出现一个主题：一个愚蠢、腐败的权威形象，这个权威者侵吞了他人的成果，奴役了许多好心人。在不同的几处，韦伯斯特赞许地讲述了几个"背叛"弗洛伊德的追随者（e.g. Fromm，Horney，Erickson，Kohut），他们部分地摆脱了大师的霸权，做出了重要而有创意的贡献。从韦伯斯特充满激情的语气和富于争辩的态度中，人们禁不住想知道该主题对于他个人有什么意义。韦伯斯特在批评中随意地使用精神分析的概念，如潜意识动机、投射、理想化、否认和矛盾心理，通过强调这些概念永远属于文学这一论断来预防异议。尽管他有此断言，但我们仍能够看到韦伯斯特在攻击这些观点和捍卫自己的理论之间不稳定地徘徊，而这表明了他复杂而矛盾的情感。

这些"全面的批评"由于它们看似不拘一格且特立独行的风格而显得尤为引人注目。克鲁斯说："弗洛伊德探测到了精神的深度了吗……或许他只是通过迷宫一样不一致的探测来妨碍我们对精神概念的了解，使他自己奇特的想象在我们的医学、文学知识中畅行无阻？"；"我们对于潜意识的探索从开始就无能为力，不比彼得·塞勒斯（Peter Sellers）所饰演的易犯错误的稽查员克劳塞（Clouseau）机灵多少……（译者注：塞勒斯为英国演员，1963年出演《粉红豹》系列，彼得·塞勒斯在片中饰演一个呆气十足的法国稽查员克劳塞——Insp. Jacques Clouseau，塞勒斯歇斯底里的表演方式和古怪顽固的口音成为这个角色的特点。）反复地误入歧途、自我愚弄的弗洛伊德"，最后，"关于弗洛伊德富有反抗精神的自我分析，以下内容让我们有理由对其表示轻蔑，它只不过是相互矛盾的梦与幻觉的结果，而这些幻觉是他用可卡因所致的疯狂带来的自娱自乐和过度解释"（1998:xxii，x，7）。韦伯斯特举例道："弗洛伊德从未有过任何实质性的发现及知识，他是一个复杂的伪科学的创造者，而这一伪科学应被视为

第五章　对精神分析的批判

是西方文明中最伟大的愚行之一（1995: 438）。"克鲁斯的批评主题也出现在葛尔勒（Gellner）的著作中，他是对克鲁斯（1998）书中的一个章节有着贡献的另一位"全面"批评家。葛尔勒担心自由联想的引入就是"去掉精神的约束"，就好比"一个人在某天脱去了非常肮脏的内衣"。如此的评论或许恰恰揭示了弗洛伊德关于潜意识中躯体幻想的精神本质，而这比通过烦琐的知识性争论去证明要来得简单清楚得多。

从这些全面的批评中可以看出它们的作者或隐或现地接受了许多精神分析的基本概念，并在他们的攻击中任意地使用这些概念。克鲁斯指出，潜意识心理功能的观点是"无可争辩的"（1998: xxiii），他还同意"一个人不能轻易地放弃有关'防御机制'的观点，诸如投射、认同以及否认"。韦伯斯特对弗洛伊德既褒又贬，承认"他的工作具有渗透性，拥有某种随机性，对人类的本质有着真正的洞察力（1995: 12）。"玛森作为一个既往的精神分析师，对许多概念本身也并无疑问。

然而，这三位作者所共有的深层的担忧来自于精神层面的对精神分析师的不信任感。尤其当精神分析师面对无助的病人时，分析师有进行暗示性洗脑分析之嫌。克鲁斯暗示道：分析治疗是一种招募和控制的形式。病人被塑造成充满依赖性的角色，解除了自己的批评性判断，最终被允许进入到一个充满精华的、完全对精神分析表以热情的确定性的圈子之中。克鲁斯想知道，精神分析师是如何判断"一个特定的表情是应该引起注意，还是应该视其为抵御某种欲望或幻想的潜意识防御（1998: xxv）"。这似乎是在表达一种绝望,即人类究竟能不能通过直觉去理解对方。按照克鲁斯的观点,多元决定论的概念尤其危险,它赋予了精神分析的解释者们变得更加武断的资本,将病人的材料放入自己的绞肉机中研磨,"用随意选择的角度来做即兴的重复"(1998: xxv)。自由联想是一张分析师在任何适用其理论的场合所玩的"疯狂的牌"。

精神分析师应该能够注意到许多病人在接受分析前所表达的这些关注。毕竟,他们被要求进入一个在力量和责任方面有着本质上高度不对称性的关系之中,然而在经历了不精确或不准确的解释所造成的无效僵局后,分析师和病人在很大程度上都会明白,理论上的建议过多是非常危险的。这些批判所表达的一定程度上的害怕让我们想知道,当力量和知识明显不对称时,良性的、可供工作的人际关系是否还可能存在。这样的悲观主义不仅仅否认了父母与孩子之间的最基本的关系,也会抹杀其他许多专业关系,如护理、医学,以及许多非专业关系。茵斯伍德(Hinshelwood, 1997)最终解决了这一主题,他证明了精神分析是如何促使一开始就出现的"不平等性"得到改变的;当病人矫正了对自体的否认及错误归因时,他或她最终将获得一种新的独立。

如果精神分析研究与治疗方法有如此多的缺陷,那么它的位置应由什么来取代呢?克鲁斯暗示,没有这些东西我们也会很好。在韦伯斯特著作的后面章节中出现了一个希望,即社会的、心理的进化论的某种形式将最终解放所有人类的思考,取代对这种新的宗教观的需要，如精神分析。对玛森而言，"心理治疗的许多观点都是错误的（1989: 24）"。正规的心理治疗在本质上会导致虐待和剥削，最好的方式是由受害者组成的无领袖的自助小组："我们所需要的是更多亲切的朋友和更少专业的人员（1989: 30）。"这是一种不现实的悲观（所有不平等的人际关系注定是毁灭性的）与理想化的天真（受害者均是"好人"，彼此间没有误解、虐待或剥削）之间的古怪混合。或许最重要的是，这些都意味着我们忘记了潜意识、移情、阻抗的概念，我们注定要再一次去发现这些概念。

结论

正如费尔特曼（Feltham，1999）所指出的，所有的心理治疗师，包括精神分析师，必须以一种尊重的方式参与到对他们的批评中来，并准备从中学到东西。然而，似乎存在一些由弗洛伊德和精神分析产生的与诽谤相关的不寻常的东西，值得我们去将其作为一种现象而加以理解。为什么精神分析在20世纪的最后几十年里遭遇了如此的从被宠幸到被冷落的大起大落的过程？对弗洛伊德那些我们自身熟悉的、根深蒂固的信念的冒犯始终存在，但很明显，精神分析师不经意地将所有批评归结为"阻抗"是不妥当的。现在，大家一致公认，造成这种现象的一个重要因素是对弗洛伊德的早期理想化的强烈反应。一旦发现弗洛伊德这样的英雄也有缺陷，例如像他那个时代的男性一样有时看起来厌恶女性并且比较独裁，批评者会以此为致命弱点而杀入。

精神分析辜负了我们对其的期望，因为它未被证实是某些早期的过于热情的追随者所希望和鼓吹的万灵丹（但弗洛伊德自身从没有报以这样的期望）。与此相关的，脑科学与心境调节药物的最新进展已经挑起为人类的幸福而寻求一种新的万灵丹的新希望；一些人认为，脑技术仅是在现阶段存在着限制，不久的将来，我们将无须再忍受精神方面的困扰。

就深层次而言，鲁滨孙主张，20世纪80年代对精神分析特别敌意的态度反映了对现代主义文化观点的厌恶，即反对"现代主义强加给我们的不确定性和模棱两可性，尤其是自体的感觉是不可靠的，很大程度上是不可知的"（1993:17）。鲁滨孙还注意到，在许多反对弗洛伊德的"保守感觉"与20世纪80年代的政治倾向之间存在着"奇特的共振"。与此类似，利尔（Lear）也感觉到，我们处在一种"希望忽视人类生活的复杂性、深度和黑暗"的文化之中（1998: 27）。最近几十年来受到热情欢迎并对精神分析取向方法造成不利的认知行为治疗（见第六、八章）也面临着同样的问题，可能需要承受与其相同的文化潮流的考验。

第六章 对精神分析的研究

研究意味着系统地、批判性地探索，以确立事实或得出新的结论。精神分析方法本身就是探索心灵的一种研究工具，研究如何使用这种工具是精神分析理论的精髓。精神分析方法也是一种治疗手段，在治疗中会产生最显著的成果。

从弗洛伊德用以一案例研究作为普遍理论的基础开始（见第三章），精神分析研究的方法学就一直是辩论的主题：比如，他用安娜·O的案例代表癔症，狼人的案例代表疾病的婴儿期因素，史瑞伯（Schreber）的案例代表妄想型精神分裂。在最近几年，究竟什么是最适合精神分析的研究类型这一争论达到了高潮（见 Wallerstein, 2009）。造成这个现象的原因部分来自于要向市场展示分析性治疗有效性的压力，部分折射出人们对专业领域的期待，想要测试我们的概念，以理解哪些起作用，哪些不起作用，不仅研究治疗结束之后的即时效果，也要研究远期效果，不仅要促进治疗室里的实践工作，也要促进精神分析师的培训以及研究所的组织发展。

为了满足所有的研究需要，目前精神分析也在使用一系列的方法来完成不同的任务。波利贝（Marianne Leuzinger-Bohleber, 2006）（见 Dreher, 2003）定义了四种类型：使用案例的临床研究；概念研究，系统地研究精神分析概念及其使用；实证研究，比如结果研究；以及最后的跨学科研究。后者聚焦于精神分析理论与非精神分析的科学世界的交流。儿童发展和婴儿观察研究，神经科学和认知科学可以从外部视角来揭示精神分析概念。因而精神分析研究包含了并行的各种方法，在相应的问题之下选择合适的研究方法，使用量化或质化研究或者二者混合的研究。

本章会先介绍作为研究对象本身的精神分析。然后讨论精神分析师能用来研究其理论与实践的一些试验性工具。接下来，会考察涉及相邻领域的交叉学科的研究；最后，会讨论研究精神分析治疗结果的可行性，看看对长程的、复合式的治疗所进行的标准结果的研究在方法上所面临的挑战。后面还会说到一些近年来的关于结果的研究。最后会汇报一些关于精神分析的深度研究。

作为临床研究的精神分析

就精神分析的本质而言，分析师的临床观察——如领悟能减轻某个病人的痛苦——形成了对潜意识的研究。弗洛伊德（1926b）称其为"Junktim-Forschung"，即"结合研究"。在一个为减少外部干扰而严格控制的设置中，病人的内在世界是利用分析师受训的心灵来得以探索的。分析师的理解是暂时的，有待于变更或深化。对病人即刻反应的解释和对随后在分析中浮现出的问题的解释都是有待检验的假设。作为一个有参与性的观察者，分析师要努力使自己对病人的反应客观，在参与的同时保持观察者的立场。理论有必要成为思维的框架，但不应该以扭曲的方式影响观察。分析性立场及方法是将这种研究方法系统而精准地实施的途径。

当然，这些是理想化的期望。精神分析师也是人，尽管他们在个人分析和督导中想尽力克服偏见和盲点，但这些仍然会存在。这就意味着研究工具——分析师的心灵难免有缺陷。但是，不断改进这个工具，比如你喜欢"校准"或是"证实"这个工具，正是一个好的精神分析师需要不断努力去做的事情。

虽然分析师能观察到病人看不到的东西，但分析师也会忽视关系中的某些方面，因此会不时地需要更深层次观察的帮助，由此就需要有督导或同行讨论小组（peer discussion group）的介入。这样，就需要治疗师根据记忆、尽可能详细地写下语言的和非语言的过程记录，以便呈现给其他的临床工作者。

临床研究也可以通过"同道小组"定期会谈来进行，在会上他们可以讨论他们正在治疗的某种病人，以便发展理论或技术的各个方面。结果，特定病人的有关发现可推及其他类似的病例。在从事这项研究的过程中，有必要去阅读精神分析及其相关领域的文献。任何精神分析师和分析小组都需要了解不同的精神分析理论，并将其概念化，而不应固守熟悉的理解方式。

与外科医生或作曲家一样，精神分析师从事的是不断进化的技艺，它可获得连续的代际传承。临床工作者发现，对日复一日的基础工作最有用的已出版文献，也可以是增进技术和加深对特定心理问题详解的"技艺"类型。一个大型的跨文献的精神分析数据库——精神分析电子出版物（Psychoanalytic Electronic Publishing，PEP）CD光盘（2009，2001年初版）的出版，是学习和研究这方面资料极为有用的辅助工具。每年这里面都会增加更多的数据以及经典的文章。

不过，职业的文献也会存在一些问题，福纳吉等（Fonagy，1999）指出，临床理论的构建常常是归纳性的，而不是演绎性的。临床工作者的策略是，在工作中寻找能用现有的理论构建解释的现象。结果，随着观点的重叠而不是相互取代，以精神分析理论为取向的理论的数量不断积累。桑德勒（1983）指出，精神分析因此变成了，充满部分不兼容观点的公式化的理论。在当下高涨的对精神分析研究的兴趣下，概念及理论本身已经成为研究的焦点，由此也需要更多潜在的澄清（比如见 Dreher 2003；Leuzinger-Bohleber 2006）。

概念研究

精神分析的概念来自于临床发现，即从一系列案例研究的聚集中得出假设性的一般原则。理论由一组概念组成。理论和其概念部分的演变常要求专业词汇的发展。精神分析概念发展中的一个特点是，在词汇未变的情况下概念的定义可能发生了变

第六章 对精神分析的研究

化。随着理论的演化，可能在对待某个已知概念的准确含义的理解上，不同的精神分析师存在着分歧，除非采用描述性的定义，在事情如何被理解上存在着差异这一事实可能不那么显而易见。精神分析中的概念研究，依靠对概念、定义和理论构建的临床依据给予系统仔细的关注，并在此基础上提出发展理论。为了克服个人的偏见，这种概念研究常由一组一起工作的同事承担。

由安娜·弗洛伊德和多萝西·伯林汉姆在汉普斯特德儿童治疗诊所发起的汉普斯特德索引工程（Hampstead Index Project），是这种概念研究工作小组的典型例证，其中每个临床工作者必须在概念分类下，比如防御机制、超我、客体关系，对所完成的案例的本周记录给予标注与索引。这样针对每个案例都产生了一系列的索引卡，其中每张索引卡包括概念和说明这个概念的临床例证。在编著的手册中给出了定义来协助检索。人们很快发现，就定义达成一致或如何在概念上去理解一段临床资料并不容易。由此而产生了一系列的研究小组，他们研究并重新定义各种从案例中获得的与临床证据相关的概念。该项目的主任约瑟夫·桑德勒（Joseph Sandler）和他的同事基于这项工作发表了许多重要的著作，它们极大地促进了精神分析理论的发展（Sandler，1987）。（译者注：有关约瑟夫·桑德勒的概念研究的成果，读者可参见《病人与精神分析师》一书）

以这种方式和一群同事工作的过程中，桑德勒认识到，有时精神分析师可能持有完全或部分互不兼容的理论观，且他们意识不到这个事实。桑德勒认为，这些隐讳的、灵活的理论在不受欢迎的同时，常可以有效指导分析师的临床工作，帮助分析师对理论上的观念更敏锐，通过小组讨论的检验和挑战，也可促进临床和概念上的发展。比如，在法兰克福的西格蒙德·弗洛伊德研究所，这些想法就被运用到一个关于创伤的概念性项目中。当时，桑德勒正在那儿以访问学者的身份工作（Sandler et al.，1991）。安娜·弗洛伊德中心（桑德勒早期进行研究的地方）已经连续对创伤的多个方面进行了富有创造力的精神分析研究，比如巴拉顿（Baradon，2010）收集了其一系列的论文，冠名《婴儿期的关系创伤》，研究生命最初期的照料者和婴儿之间产生的创伤及其治疗。

实证研究和对精神分析概念的临床外验证

一些精神分析师认为，在诊室之外，不经对照或过分简单化地对精神分析构建进行实证研究是不可能的（e.g. Green，2000）。在该领域之外的某些学者看来，比如 Grünbaum（第五章），其必然结果就是精神分析概念的不可检验性，且毫无真理的价值。我们能在诊室之外对精神分析的概念和临床现象以可重复的方式进行测量和评估吗？比如，我们能设计出这样的心理功能评定量表吗？它能足够灵敏到使分析师满意吗？对独立的评定者而言足够全面吗？

近几年来，几位精神分析研究者一直在克服这些问题。就职于伦敦迈道斯雷医院（Maudsley）的霍伯森（Hobson et al.，1998）

等开发了一个由30个条目组成的人际关系描述量表（personal relatedness profile），这个量表用于获取与精神分析师有关的复杂的与人联结的方式等信息。采用这个量表的一个分测验——研究者用录像记录与两组病人进行的心理动力访谈评估，并以此作为他们的实验材料，采用当时的美国精神疾病统计与诊断标准（DSM-Ⅲ）——显示一些诊断为**边缘性人格障碍（borderline personality disorder，BPD）**的严重状态，其特征是极端的心境转换、自伤行为、自体观念贫乏和与他人建立关系的障碍；另一组为困扰较轻的病人，诊断为**心境恶劣**——一种轻度抑郁，研究者要求参与试验的精神分析取向的心理治疗师对他们进行"盲"估，即提供录像带，通过观察病人的叙述及其与访谈者交谈的方式对其人际关系进行评估。

基于评定结果，已得到证实的一个假设是，以一种可重复的方式区分两个小组是可能的，而且这些评定结果属于性质截然不同的两个小组，区别这两个小组的理论基础是克莱因的偏执分裂位态和抑郁位态（见第二章）。边缘性人格障碍的病人前者得分高后者得分低，心境恶劣的病人则与此相反。偏执分裂位态的样本评定结果有"无所不能感、对他人的不需要感"、"强烈而单一的非白即黑、或非好即恶之间的转换"。处于抑郁位态的样本其评定结果呈现"两难－矛盾（ambivalence）的能力，在这种两难中，参与者纠结于复杂的关系"和"参与者间的真诚、适宜的关注"之中。我们可以看到，精神分析理论与精神病学理论进行了有意义的配合，尽管二者是在非常不同的层面上、从主观描述和客观描述的不同方面做出贡献并向前发展。

一项规模更大的类似工作在丹佛大学，由乔纳森·桑多尔（Jonathan Shedler）和德鲁·韦斯顿（Drew Westen）领导的小组完成，他们开发出了名为桑多尔—韦斯顿评估软件（SWAP—2000）的测量工具，对此桑多尔有过论述（2002）。就像人际关系描述量表一样，SWAP能获取丰富的、复杂的有关性格和病理形态的精神分析构想，同时为研究提供可信的数据。它包括有关病人的200条理论性的描述性陈述句，建构于不同的精神分析理论但又不拘泥于相关的专业术语。在好些年里，这套软件被仅限于一定范围内使用，直到不断检验它的临床工作者确定，它能获取病人在心理学上的所有重要的信息，这套软件才得以流传。评定者必须判断200个条目中的每条陈述是否都能给被试病人精确的描述，对病人十分了解的临床工作者可以依其符合程度把这些陈述分为8类。

这个建立在Q分类方法（Q-sort method）之上的测量工具，（译者注，Q分类法是心理治疗历史上第一个用来测量心理治疗关系的方法，由卡尔·罗杰斯及其同事发明）有很好的心理测量的优势，因为它要求评定者分级而不是评分。开发和使用SWAP本身就是一项有意义的研究，因为它鼓励分析者在观察中变得更准确。现在它的用处很多，包括在精神分析临床诊断上对评估者的信度评估。如果说精神分析的诊断有些意义，其一就是期待有经验的临床工作者用同样的方式来描述和诊断同样的病人，这和期望有经验的放射科专家在对同一张X光片的解释上是一致的一样。桑多尔和韦斯顿（1998）已经表明精神分析师用SWAP软件，的确能够产生很高的评估者的信度系数，甚至比那些采用标准精神病诊断工具报告的系数还要高，这说明了迄今为止在研究者中广泛持有的观点是错误的，即精神分析构想不能进行可靠的评估。

SWAP还能作为一个合适的灵敏的工具来测量精神分析的结果研究中的变化（见本章后面的部分）。它能对病人进行独特的限制性描述（数学家会注意到200项SWAP所获取的数据就是200个因子！），同时它也能对人格障碍进行更准确和复杂的分类，这会对美国精神疾病统计与诊断分类手册（DSM）的未来版有所帮助，用于发展200项SWAP描述性陈述的方法也适合其他精神分析研究。

这种实证研究的特别之处在于，分析师和研究者之间的交流对精神分析是很有用的。

交叉学科的研究

传统上存在着一个令人迷惑的"错误界限"（Whittle，2001），界限的一边是关于心灵（mind）的科学，如神经生物学、实验心理学、认知神经科学和发展心理学；另一边则是客观地研究主观世界的精神分析。精神分析所关注的是情感、观念和对心理内容的理解，而另一边研究的焦点是产生情感和观念的机制。它们成为关于心灵（mind）的研究中的两种文化，正如彼得·福纳吉（2000）所说："与其说它们彼此对立，不如说它们像住在单元房中的邻居，多年来愉快地在彼此门前经过，却几乎不知道对方的名字。"

在亲子关系上的观点：种族学和发展心理学

检验精神分析发展理论的方式之一就是将其与实验（心理学）中的亲子关系的发现并列（比较）。早期的精神分析理论认为婴儿有原始的心理活动，并在此基础上转而致力于寻求感官上的愉悦。外部世界只有在不得不需要时才逐渐地参与进来。而现代发展心理学则认为婴儿从一开始就有丰富的知觉、学习和表征（representational）能力，并且他们寻求与他人之间强烈的特殊的人际关系（Stern，1985；Gergely，1992）。这些发现大部分都与现代精神分析中的客体关系理论（object relations theories）相吻合，客体关系理论是通过精神分析研究而独立发展起来的，现在，它已基本上以这样或那样的形式而被精神分析学界广为接受。

亲子关系的研究正在给我们提供日益丰富的实验性依据，以支持精神分析在亲子关系方面对其意义及其不良方式在代际间传递的发现。其中有些来自依恋理论（attachment theory）。依恋理论主要归功于人种学的研究，它起源于约翰·鲍尔比（John Bowlby）的工作（见第二章）。在一个关键性的实验中，玛丽·安斯沃史（Ainsworth et al.，1978）设计了一个陌生的情境，试验者需要在较短的时间内观察一个1岁的孩子和其母亲（有时也可以是父亲）的活动。其间，父母和陌生人以一种设定的方式走进或离开实验室。经观察，儿童对与父母分离并重逢的反应，及对待陌生人的方式，可以归纳为四种依恋行为中的某一种，即"安全型"（secure）、"回避型"（avoidant）、"矛盾型"（ambivalent）和"紊乱型"（disorganized）。

人们发现，通过早期的反应模式可以预测后来的心理、社会、认知适应的许多方面。精神分析会说，这是以有意义客体的内在表象、或内在客体关系为介导的结果。关键是儿童能否成功地依靠其母亲的帮助来减轻自己的挫折感。如果儿童不得不依靠防御机制来处理挫折的情景，他很可能要么表现出肤浅的无挫折感（回避），要么即便母子重逢也无法表现出被安抚的状态。

后来由马莉·梅恩（Mary Main）的研究小组（Main and Hesse，1990；Main and Cassidy，1995）发起了从陌生情景中的行为测量到相关主观体验的测量等一系列的测试项目。他们设计了成人依恋访谈（Adult Attachment Interview，AAI），它要求个体描述并评估早期人际关系和早期经验。（访谈量表的）脚本由受训的评定者将其编码，它不是基于既往史，而是根据个体对自己的过去的讲述方式和反应来记录，它们被归纳为"有关依恋的四种心灵状态"［安全/自主（secure/autonomous）、弥散/分离（dismissing/detached）、先占/纠缠（preoccupied/entangled）、未决/无序（unresolved/disorganized）］。*

---

* 更详尽的依恋理论可参见《心理治疗中的依恋》一书。——译者注

彼得·福纳吉等（Peter Fonagy，1993）曾对一组父母实施过AAI，在他们的第一个孩子出生前几个月，他发现，父母自身的依恋模式可预示其孩子在陌生情境中的依恋模式，这说明不安全感的某种特定的形式及其防御性策略能由父母传给子女。对自己或他人的心灵的反射能力［彼得·福纳吉和塔基德（Target）在1996年创造了术语"反射性的自体功能"（reflective self function）］对处理强烈的情感和抚养孩子时的自我管理能力极其重要。为了反映婴儿的心理状态，调整和阐释母亲自己的观点，母亲或主要的照看者需要具备发展一套关于孩子和她们自己的"心理理论"（theory of mind）的能力。通过对成人依恋访谈脚本的重复检验，福纳吉小组发现他们可以对这种能力及"反射性自体功能"进行编码。好的反射能力与亲子双方的安全型依恋关系模式密切相关。

这个来自依恋研究的发现与精神分析的临床研究有关，它为我们理解依恋关系和临床精神分析提供了重要的补充。还有一些是彼得·福纳吉的纯精神分析研究，彼得·福纳吉是一个杰出的实验心理学家和精神分析师，作为精神分析师，福纳吉（1991）研究边缘性人格障碍病人。他发现这些病人在他们还是孩子的时候就遭到其父母亲的严重忽略，其"心理理论"的功能是不健全的。他指出，这些人之所以防御性地阻止自己去了解别人的心灵，是为了"不想知道"他们的父母对他们粗暴的敌意和冲动。

（译者注：福纳吉后来发现，正是由于人们在婴儿时期的情感没有得到照料者共情性的反映,所以他们成年后形成了一个异化的自我,使其无法设身处地地体验别人的情感、思维和欲望,而他自己的情感和欲望也不能通过语言符号表达,只能通过动作——往往是暴力——来表达。)

布里顿(Britton,1989)发现了在这种反射及自体反射能力的缺乏和有缺陷的内在概念之间,以及与总想着孩子的合作型父母之间存在着某种联系。病人不能意识到他们自己是三角关系中的一方,似乎缺少内在"三角空间"(triangular space),这使得分析工作充满了困难和风暴。从"第三者角度"(the third position)来反思自己和他人的能力严重受损;其思维过程似乎也存在着根本性的缺陷。因此,彼得·福纳吉和布里顿的工作被视为结合了内在与外在两方面、整合了精神分析和实验心理学研究的范例。

用精神分析的术语来说,这些受困扰的个体常被说成是缺乏充分的**母性容纳**(containment);作为婴儿和儿童,他们总是不能将其挫折感传递给母亲,也不能感受到母亲所给予的安慰和有意义的反馈,反而像是在承受着来自其母亲的令人困扰的投射。在此脱颖而出是比昂(Bion,1967)和温尼科特(Winniccot,1960),他们在精神分析工作中直接观察到,要使孩子形成合适的、能发挥功效的心灵,且能够形成传达意义、调整自身的心理状态,父母必须参与这个过程并对之加以反射。这些领悟最近由戈吉利和华生(Gergely & Watson,1996)在实验中再次印证,他们从发展心理学的角度详细地阐述了容纳过程的工作机制,把其模型与我们所知道的生物反馈机制联系在一起。

好的临床研究越来越多地加强和印证了临床理论与实践。巴拉顿和布朗弗曼（2010）展示了，研究中如何使用AAI及其他评估工具来给临床资料进行编码，促进临床理解及实践，如非典型母性行为评估及分类量表。

来自神经生物学的观点

近几年来，发展精神分析学与神经生物学理论不断相互交融。2000年，一本新的杂志《神经－精神分析》（Neuro-Psychoanalysis）由该领域的领头人马可·索姆斯（Mark Solms）创立。卡普兰·索姆斯（Kaplan Solms）和马可·索姆斯（2000）对中风或肿瘤所致的局灶性脑损伤后的继发性情感障碍病人，做了一些精神分析的调查研究。他们发现，神经病学和心理科学领域代表了事实的不同方面，它们互相补充而不是互相削弱。那种将心理功能还原为其生理联系的企图，无异于将诗歌还原为组成它的字母（Mark Solms，1995）。

阿伦·肖尔（Allan Schore，1994）将神经生物学、发展神经化学、进化生物学、发展心理学和发展精神分析学融合在一起研究。他向我们揭示了，一个通常意义上的好母亲的情感反映方式是如何在儿童成长最初两年的关键期决定了孩子大脑中的"硬件"的。随着母亲不断地与孩子的挫折、激动、兴奋、愤怒保持一致并做出反应，亲密的、面对面的身体的接触，（使）孩子大脑中的荷尔蒙和神经递质得以释放，这将有助于逐渐形成有关情绪调控的关键的神经通路，往返于大脑右侧眶额皮质（orbitofrontal cortex，OFC）。肖尔说明了一个长期存在于精神分析中的直觉——婴儿首先依靠其母亲处理那些势不可当的情感，然后将这个功能内化——在化学或解剖学方面是确实存在的。

肖尔还说明了导致上述不安全依恋的各种母婴关系问题，是如何以神经化学和神经解剖学为介质的。在此，我们可以举两个（简化的和纲要式的）例子加以说明：一、一个抑郁的母亲不能生动地对她10个月大的孩子的高兴情绪进行反映（与海因茨·科胡特和唐纳德·温尼科特关于"情感镜像"的精神分析概念相关），这会妨碍孩子脑中内啡肽和多巴胺的产生，从而增加应激性皮质激素的产生，这将导致眶额皮质的激活通路上的细胞和链接的缺失，从而出现抑制性环路失衡，母亲的抑郁在某种意义上就此植入了孩子的大脑。

二、另一个例子来源于对2岁婴儿的头半年研究。在正常的事件过程中，母亲从经常反映和强化她的1岁宝宝的激动与喜悦，转变为阻遏婴儿学步的潜在性危险以及探索能力，肖尔指出，不支持、禁止的面部表情导致"羞辱"效应，使得右侧皮质形成必要的副交感神经抑制性通路从而抑制情感表达（用精神分析术语来说的话，我们可认为这是超我的形成）。若母亲能以安慰的方式，重新与挫败、愤怒的孩子保持情感上的一致，则可以修复这种"羞辱"反应。如果这一点做得不够好，孩子从母亲那儿获得的就是纯粹负性的体验，大脑中化学物质与解剖学意义上的失衡将再次发生。处于这种状态的孩子会远离母亲，通常，他们不能形成调节愤怒的能力。精神分析师可能会考虑，因为这种母亲的内在表象是专制的、令其感到羞辱的，从而会对孩子后来的人际关系产生负面效应。

肖尔整合了这些研究向我们展示了，母婴关系如何决定大脑结构——可能是通过基因表达的方式。尽管早期经历非常重要，人类也还是有可塑性的，成年后期依然有能力改变亲密关系。自从1994年这些研究工作被发表后，肖尔还在继续通过详细的研究和检验相关文献，证明依恋创伤对右侧大脑/心理/身体系统的发展曲线的负面影响机制（Schore，2010）。肖尔还讨论了精神分析通过改变基因表达实现大脑神经解剖学意义上的改变的可能性（也见 Kandel，1998）。

关于治疗结果的研究

精神分析的心理理论（theory of mind）的有效性不能依据精神分析治疗是否有效而定。所以关于治疗有效性的研究与我们至今讨论的研究处于不同的领域。然而，由于专业领域出现了过程研究的热潮，结果研究趋向于得到精神分析以外的机构的支持，如公共卫生体系和私人保险公司，这些机构越来越强调循证医学（EBM，evidence-based medicine）。不幸的是，EBM在希望给予病人最好的治疗的同时，也企图尽可能地限制和降低成本。

汉斯·埃森克（Hans Eysenck）于1952年回顾了一些心理研

究项目，总结出治疗的有效性与自发的缓解之间并无显著性差异。随后的研究不断对这个观点提出反驳，对汉斯·埃森克的数据进行重新验证（McNeilly & Howard，1991），显示其结果存在本质上的缺陷，他自己的、适合于重新分析的数据正好从统计学和临床两方面揭示了有关短程治疗的显著性意义，因此，尽管埃森克名声受损，但他的论文还是对心理治疗的系统性研究起到了促进的作用。

随机对照试验（RCT，the randomised controll trial）

精神分析的结果研究，即对病人治疗后是否好转的研究存在着一些技术上的问题。必须给予病人所要寻求解决的问题以清楚的界定，而且要找到其测量的方法，在治疗前后必须分别测定一次，需要做长期随访来确定变化不是暂时性的，还要确定正是这种特定的治疗导致了病情的改善，而不是因为时间的流逝或受到关注而产生的非特异性的效果。比如我们可能决定在有心理问题的人群中进行比较，其中一组接受精神分析治疗，而另一组有相似问题的人要么没有接受治疗，要么接受了行为或药物治疗，但是因为不同的人选择不同的治疗，怎样才能确定我们所做的比较是有意义的呢？治疗的疗程也可能不同，因此除了治疗这一特定因素，其他因素很可能也在起作用。

这些困难可以被一些实验的策略所化解，为了确信我们是在比较类似的案例，我们必须将病人随机分到治疗组和对照组，随机对照试验或 RCT 是目前科学界关于疗效研究工具中的"金标准"。典型的方式即用新药实验与老药或安慰剂——一种外观类似药物的无活性物质——相比较。在一个 RCT 中小组中一半的病人被完全随机地分配到 A 组接受治疗，而另一半则分到 B 组接受治疗或根本不予治疗，随访观察，看每组有多少人的症状得以改善。为使检验结果具有统计上的显著性，从而避免抽样误差（的影响），试验需要大量的病人。小组间所检测的差异越小，则要显示差异显著性所需的病人就越多。

心理治疗结果研究很难，但也不是不可能。人与人之间的治疗关系很复杂，许多人际关系变量都很重要。这两个小组的多个变量会相似吗？例如就年龄、问题的类型和严重程度、社会支持的程度、工作职位、社会经济地位等这些变量在这两个小组之间可能相类似吗？

然而塔维斯托克成人抑郁研究（Tavistock Adult Depression Study，TADS：见 Taylor，2008）中精确的解释证明某些研究已经克服了一些以上的困难。这是一个随机对照研究，测评对象是接受数周 60 个小时的分析性心理治疗的疗效，与接受英国普通国家健康服务治疗相比较，病人都有慢性难治性的抑郁症。随机性考虑到的是患者被随机分配到治疗组以及对照组，也就是接受"普通治疗"组。在治疗结束后的半年和两年会分别对两个小组的疗效进行评估（2013）。这个研究在很多方面都很重要：

- 它驳斥了艾森克的谬论——心理治疗如同安慰剂一样无效。
- 它为现今倍受争议的短程治疗的有效性贡献了更正式的证据。

第六章　对精神分析的研究

- 给针对严重抑郁患者的治疗，总结了更多的临床经验及知识，包括对抑郁的复杂性的更好的理解。
- 它加强了关于导致抑郁的内在冲突的精神分析概念化。
- 它包含系统的文献回顾，针对抑郁以及动力性治疗效果（Taylor，2008）。
- 它可以总结出一本动力性治疗手册，为临床工作者和未来的研究提供帮助。
- 它将为倍受折磨的患者带来希望，在此之前他们反复经受虚弱的折磨。

很显然，观测中短程治疗的疗效较精神分析本身要简单得多。事实上，在方法学上有着良好设计的全程精神分析的RCT在实践中几乎是不可行的。较为现实一点的是，从更自然的、更少统计学因素（影响）的研究中去积累经验。例如，人格障碍的病人通常会有长期的症状和痛苦，众所周知传统的精神病学治疗对他们效果不佳，可以将他们在治疗前后做比较，换言之就是将他们自身做"对照"。或者市中心的一组人群接受中等时程的精神分析性心理治疗，非市中心地区大致类似的一组人群接受认知行为治疗，工作人员方面仅仅是受到的培训不同，将这两组做比较。

这样的研究涉及的是比较组，而不是严格的对照组，从中得到的结果不那么强有力，更多的是依据情形推测，就像这里给出的研究示例。但是这样的研究结果和系统的临床经验以及更多的以过程为主的研究将为我们提供一些意义深远的结论。从这些比较容易操作的短程和中程精神分析性心理治疗结果研究中，我们可以获得一些有价值的关于精神分析疗效的信息。

心理治疗效果研究的测量

好的研究会从不同角度、不同领域对症状和功能进行全面的结果测量。因而既可测量症状的变化（例如用一标准问卷测评的抑郁得分），也可测量人际关系和工作能力的变化，测量这些内容时也可以用标准问卷或观察服务使用的变化（例如看医生的次数、住院的天数、药物的使用、福利支付的接受等）。最后，一项旨在改变内在心理世界结构的治疗，需要使用设计精细、对临床有价值的等级评定量表，以抓住上面提到的一些内容。例如本章前面提到的两个例子，人际关系描述量表（personal relatedness profile）和 SWAP-200。

短程精神分析性心理治疗的结果

非常短的心理治疗，一般最多大约只有16次访谈，较中程或长程治疗的研究相比要简单得多。无论从伦理上还是从逻辑上，对照和随机化都比较简单。问题是短程治疗结束后分析师看到的只是症状的变化。精神分析至关重要的就是在病人对治疗师的移情关系中通过反复**修通**使病人歪曲的关系模式逐渐地改变，通过被另一个心灵反复包容而逐渐得以疗愈和整合。这两者就像发展本身一样是一个费时的过程，这样才能对精神深处基础

第六章 对精神分析的研究

结构产生持久的影响。

第八章我们将**认知行为治疗**（cognitive behavioural therapy，CBT）这类的治疗方法与分析取向的治疗做了比较，这类方法通过让病人确认错误思维模式，学会新模式而使症状迅速缓解。绝大多数CBT研究通过症状评分和简单的分级量表测量了研究结果。人们在比较CBT和精神分析治疗的效果时，常没有考虑到这两种方法不同的治疗目的和形式。长程回访结果几乎没有。

因为操作相对简单，已发表的心理治疗结果中RCT数据占优势，以非常短的治疗形式而言，CBT较精神分析治疗更适合、更有针对性。温特尔（Winter，2008）指出，经验验证治疗的标准可能偏重于认知行为疗法，因为它强调给有特定症状的来访者提供定量的、随机控制的标准化治疗。思里弗（Slife，2004）同样指出，和传统科学（经验主义和理论主义的结合）一样，那些具有相同的内在假设和价值观的治疗往往更倾向于积极的经验主义验证，这也许并不只是巧合。

然而，现在已经发表了许多很好的短程精神分析性治疗实验的相关报告。与CBT的RCT相比，有关短程精神分析心理治疗的RCT相对缺乏，这有时会被人错误地等同于不利于精神分析的反面证据（Parry & Richanrdson，1996），但事实是，已有的研究所显示的结果与短程认知行为治疗的结果有着惊人的相似。关于短程精神分析性心理治疗与CBT之间的比较已经做了所谓的数据元分析性回顾。**元分析**（Meta-analysis）是统计学术语，它是比较大样本试验的结果。通过这类结果的比较显示，短程精神分析性心理治疗与短程 CBT 在治疗许多心理问题时彼此的疗效之间不存在显著的差异。两者都优于对照组，统计学上只存在一定差异，但临床上却有显著的效果（Luborsky et al., 1999；Wampold, 2001）。看起来，对短程治疗而言，治疗师的理论取向还不如一个给予关注的、有技能的专业人士的聆听和帮助病人理解等治疗基础重要。这也是许多精神分析师们可能已经预见到了的。

在对心理动力学和认知行为治疗的结果和效果进行主要的元分析以后，施德勒（Shedler, 2010）发现，对这两种治疗的记录的分析结果表明，认知行为主义疗法的成功结果实际上是与心理动力学技术相关的。比如说建立工作联盟，在治疗中聚焦于感受，对过去和现在的人际关系的探索。虽然这种治疗被称为认知行为疗法，但是对治疗过程的分析表明它更像动力性治疗，正因为这些它创造了一个成功的结果。如果治疗师坚持使用干预扭曲认知的传统认知治疗效果反而较差。

中程精神分析心理治疗的结果

对各种有严重障碍的、其他精神科干预没什么反应的病人可以进行中程的精神分析心理治疗，正如英国公共部门所实行的那样，这也暴露了以上提到的所有方法中的问题。在小型的仅靠少量资金运转的健康服务部门中，设计精良的研究根本得不到人力和财力的支持。所以自然条件下的研究可能只有从外在有效性上弥补统计学力量上的不足。但是，尽管存在着方法学上的困难，最近还是出现了高质量的、前瞻性的 RCT。

（译者注：NHS-National Health Service，英国全民医疗服务体系，1948年在英国建立的国民健康保险制度，包含两个层次，以社区为主的一线医疗网和二线的 NHS 的医院服务。这种体系的特点是政府直接为公众提供医疗服务，而政府通过限制定额来降低成本。在上世纪的80年代，撒切尔政府曾经通过一系列政策来建立 NHS 的内部市场机制，但1997年工党执政后，又对 NHS 进行了一系列改革，在追求效率和公平的同时更加强调机构间的合作、团结。各国的卫生体系对心理治疗的发展有决定性影响。现在世界上主要有4种医疗卫生体系，一是传统的疾病保险，具有政府补贴的私人保险市场模式，覆盖率和就业形式有关，代表是德国、澳大利亚、比利时和法国等；第二种是政府建立的全国性医疗保险项目，代表是加拿大、瑞典、挪威、丹麦、我国台湾地区等；第三种是政府医疗服务，政府直接提供医疗服务，如英国、丹麦、希腊等；第四种是混合系统，同时拥有上述系统，如美国、日本和瑞士等。我国在计划经济年代属于第三种医疗体系，现在正在向第四种体系过渡。笔者认为，这种特点决定了在医疗体系转轨完成之前，心理治疗不可能在短期内具备较大的覆盖面。）

举几个例子，比如严重人格障碍者的治疗，以日间医院为基础的精神分析治疗与常规的精神科治疗相比，在抑郁分级、自我伤害、住院时间这些变量方面的分值（改善）都是可观的（Bateman & Fonagy，1999）。在酒精依赖病人中，接受心理动力性小组治疗者在15个月的时候的戒断率比CBT组高很多（Sandahl et al.，1998）。在精神科服务高使用者中，接受短程心理动力性心理治疗的病人较接受普通门诊治疗的病人在症状、社会功能和健康维持上的改善都要大很多（Guthrie et al.，1999）。

伦敦抑郁干预研究将三种针对慢性复合型抑郁的治疗做了比较，这三种方法是：系统性/动力性夫妻治疗、抗抑郁药物治疗、认知行为治疗。接受夫妻治疗的病人较接受药物治疗的一组有更多的改善。试验组的病人对CBT接受较差，CBT组就被放弃了（Leff et al.，2000）。

儿童方面，脆性糖尿病（brittle diabetes）的患儿接受了短程密集精神分析后血糖得到显著的控制（Moran，1991）。与每周一次的精神分析治疗相比，每周四次的频率在治疗一个11岁的学业失败的小男孩时显示了它的优势（Heiniche & Ramsey-Klee，1986）。儿童接受心理治疗后会反复出现一种重要的"睡眠者效应"（sleeper effect），他们在治疗之后的心理发展较以前呈现出一条陡直向上的曲线（例如，见Kolvin，1988；Muratori et al.，2003）。

（译者注：brittle diabetes，脆性糖尿病，内分泌科历史性术语，以前多用此名词指胰岛素依赖性糖尿病，后多用I型糖尿病指称。此类糖尿病的特点为症状突然发作，胰岛素减少，需依赖外源性胰岛素维持生命，有发生酮症酸中毒的倾向，发病的高峰年龄为12岁。这些特点决定了此类病人更需要心理支持。）

考虑到上述的困难及在精神分析疗法和其他疗法之间做比

较的需要，由古德尔（Ian Goodyer）和福纳吉（Peter Fonagy）领导的 IMPACT 研究正在进行中（参考 www.hta.ac.uk/preject/1731），这项研究十分重要，它比较了英国3个地区18个全民医疗保健服务诊所中的超过600名抑郁青少年所接受的治疗。这是一项随机对照实验，分为3个组，30个小时的短程动力性心理治疗、认知行为治疗和普通治疗。被试来自于青少年和儿童心理健康诊所中的重度抑郁的青少年。实验将会对青少年接受了三种治疗后的远期效果进行研究，如复发、痊愈等。结果将会由事先不知道治疗分配情况的结果评估员分别在第6周、第9周、第36周、第52周和第86周进行评定。复发是个很关键的问题，它不仅是一个成本效益指标，也是内部变化是否已经发生的指证，是青少年未来心理健康的预测器。

开放的自然条件下的研究也是可以被接受的，一个慢性的反复复发的病人他自己本身就可以成为一个长期的对照。从访谈中观察到，根据 DSM-Ⅲ 诊断的边缘性人格障碍的病人接受了为期一年的每周两次门诊精神分析心理治疗后，一年内在吸毒、暴力、自伤、住院以及精神症状方面与治疗前相比有了显著的变化。三分之一的病人不再符合 BPD 的诊断（Stevenson & Meares，1992）。在亨得森医院接受治疗的社区住院、患有严重的人格障碍的病人，较不治疗的对照组有更大的改善。改善与治疗时程有关（Dolan et al.，1997）。很遗憾这些证据并没有阻止医院在2009年被关闭。

长程精神分析治疗的效果

莱森林（Leichsenring）和拉伯（Rabung，2008）报告了一个元分析研究，调查了长程精神分析疗法在治疗包括人格障碍在内的复杂严重的心理障碍上的效果。他们调查了23个研究包括1053名病人和两个相互独立的评价系统。有11个随机对照试验和12个观察研究。他们认为有显著的证据证明长程精神分析心理治疗对于复杂的心理障碍来说是一种有效的治疗。此外，影响范围增加了长期随访，再次证明了在其他精神分析研究中发现的"睡眠者效应"。在最近施德勒（2010）进行的全面的文献回顾中，他进一步强调了这些关于长程精神分析心理治疗效果的可靠发现（包括明显的睡眠者效应）。

综观这些研究成果，我们能得出一个结论，由具备技能的实践者完成的任何形式的短程心理治疗都有显著而温和的改善。不过在短程治疗中，认知治疗和精神分析之间的差别不是很明显。随着关于中程精神分析心理治疗的高质量实证研究的增多，在过去的20年间精神分析师开始提供精神分析对神经症患者和一些人格障碍患者来说具有更好的临床效果这一结论的证据。也有迹象表明长程精神分析心理治疗对于那些用其他治疗手段很难治愈的复杂的人格障碍患者来说很有效。这对将来的保健计划来说也是重要的提示。尽管精神分析本身是很吃力的，但如果被广泛地应用在这样的群体中，它将会证明自己有很好的成本效益。这对于将来的研究来说或许是很有价值的观点。

第六章　对精神分析的研究

聚焦于精神分析本身的治疗结果研究

从20世纪50年代开始，许多对精神分析心理治疗和全精神分析的大规模研究得以开展，研究者们试图从全面的、统计学方式的角度确定治疗过程和效果中的许多问题（这些研究绝大部分是在美国进行，因为美国较英国有更多的病人和资金来支持这些研究）。这些研究都企图研究大量治疗中的多项变量。例如哥伦比亚记录研究项目（Columbia Records Project，Bachrach，1995）对1945—1971年来哥伦比亚大学精神分析门诊的1575个成人分析进行了非常精细的研究，这些工作绝大部分是由实习生完成的。但自相矛盾的是，项目中最突出的部分（例如在数量庞大的分散案例上研究多项变量），经过回顾后人们对它方法上的有效性提出了质疑。所谓多变量统计方法不可避免地导致了结果上的统计学均化，使得个案的特殊性丢失，体现精神分析本质的差异也会丢失。

同一作者与其他一些人一起，对美国4个中心的550个神经症和人格障碍病人所参加的6个早期精神分析系统临床量化研究进行了严格的回顾（Bachrach et al.，1991）。尽管这些研究进行了大量的工作，最后却只凝缩成很弱的结论说明，这也包括大部分的阳性结果，这些结果和治疗时程以及治疗的完整性有关。治疗中的支持性作用和解释性作用一样都得到了强调，这样一来就很难从初始访谈中预测治疗的成功性。

以现代人的眼光回顾以前的研究，可以发现它们虽然没有言明，但都假设现实可控变量和不互动的变量之间是简单的线性系统（Galatzer-Levy，1995）。长程精神分析过程中病人和分析师之间无数的变量可能类似"确定性混沌理论"之类的模式所描述的复杂互动的反馈系统（Meran，1991；Spruiell，1993）。现在已经知道，这样的非线性系统在现实世界中普遍存在，例如这种系统对初始状态的微小变化极度敏感，在多种变化之间、在周期性行为与几近无序的混乱状态的摆动之间都具有复杂的互动效应。虽然人们几乎可以肯定，英国的七月总体而言要比一月温暖，但是天气预报若超过一定的天数，就不能准确地预测天气。同样的道理（正像前面我们得到的结论那样），泛泛地说精神分析和比较长的已经完成的治疗会对病人有帮助，但是我们不能准确无误地指出哪些人的反应最好。

为了来说明一些更有趣的或更特别的问题，我们必须使用比上面提到的分散方法更集中的研究模式。这就是风水轮流转，不要被70年代、80年代流行的科学模式所吓倒，我们应该看看那些设计严谨的临床研究，重新看看那些正式的个案研究的方法学（Hillard，1993；Kazdin，1992；Moran & Fonagy，1987）。我们也意识到必须把更多的注意力集中在研究特别的疗效和过程变量上。

1999年，福纳吉等人对55个已经完成和正在进行的精神分析疗效研究做了深入的、批判性的回顾，他们讨论了研究的流行病学和方法学背景。作者们尽管指出了很多存在于这些研究中的方法学上的限制，但根据现有的资料，他们还是对精神分析结果持谨慎乐观的态度。目前取得的重要发现概括如下：

- 密集精神分析治疗（intensive psychoanalytic treatment）通常较精神分析性心理治疗更有效，两者的差异仅会在治疗结束若干年后才变得显著起来，这在较严重的病人身上尤其明显。
- 长程治疗如完整的分析一样，有着更好的效果。
- 有结果提示精神分析和精神分析性心理治疗都具有成本效益（cost beneficial），甚至是成本效果（cost effective），精神分析可以减少其他健康保健的使用和费用。（译者注：成本效益是指花费的治疗费用可以让病人获得益处，但这种益处不见得是目标的达到，临床上会用症状改善来评价；成本效果是指花费的治疗费用完全达到了预定目标，临床上用痊愈来评价。）
- 精神分析治疗可以提高工作能力，减少边缘性人格障碍患者的症状，可能也是对严重心身疾病的一种有效的治疗方法。

这个由IPA主办的关于研究成果的综述正在进行中并由福纳吉等人更新（2002）。

最近的4个精神分析结果的研究

现在，我们列举最近的一些比较好的例子，它们源于自然的精神分析疗效研究。1996年，福纳吉和塔基德（Target）对763个儿童分析和伦敦安娜·弗罗伊德中心40年内治疗的精神分析案例做了回顾性研究。研究利用治疗前详细的诊断评估和治疗过程中的每周记录，得出哪些因素可以预测以后会取得良好疗效的判断。这些研究表明，全程分析（每周4次或5次）对12岁以下患有各种严重精神疾病特别是有焦虑的儿童非常有效。这些严重的儿童对每周1～3次的心理治疗反应并不好，这种治疗看起来对青少年更适合。有严重发展问题的儿童，例如孤独症的儿童对心理治疗的反应也不好，即使用强化和延长治疗，效果也不理想。

2000年罗尔夫·尚德尔（Rolf Sandell）等人报道了斯德哥尔摩精神分析和心理治疗疗效项目（STOPP），该项目开始于1993年，有400多个病人在4年或5年多的时间内接受了治疗。绝大多数病人遭受着长期的痛苦，需要长期的精神方面的照料，这些病人非随机地经过专家的评估被分配到强化或非强化的治疗小组中去。这两组在重要的变量上大体上具有可比性。对结果所进行的全面评估，包括症状、社会关系、一般健康状况、存在态度（existential attitudes）、使用的健康医疗资源、工作能力等。方法学上包含量化和质化研究，且部分横向研究，部分纵向研究（更多信息请参考Blomberg et al.，2001）。主要的发现是治疗结束后，心理治疗和精神分析的病人都继续改善，但是在治疗结束3年后发现了一个显著的统计学差异，那就是接受精神分析的病人比接受心理治疗的病人改善得更好。似乎强度更大的治疗有着更持久的效果。

法肯斯托姆（Frederik Falkenstorm）和同事们（2007）想进一步了解这一效果，以测试一些关键的精神分析概念。他们发现，这两个小组都报告了一个正在进行的并且对自我分析功能很有

第六章 对精神分析的研究

帮助的病例，然而接受精神分析治疗的患者往往会更多地报告一种自我支持功能或能力以安慰自己，使自己平静下来，比如记住分析师的一些特征如声音等。分析师的内化有许多方面，但是或许最令人好奇的是研究中的证据都指向容纳——在分析过程中分析师被内射为容器。

罗依辛格－波利贝（Leuzinger-Bohleber）等（2003）报告了一个详细的研究，在此研究中，129名病人接受了德国精神分析学会成员的精神分析或精神分析性心理治疗。精神分析师小组对这些来自不同地区他们所不认识的同事们的工作进行了评估。全面的结果测量包括症状和诊断，社会工作功能，健康资源的使用，精神功能的专业精神分析观察。本研究使用的精神分析性方法学给人留下了深刻的印象，例如在理解临床结果数据时考虑到了研究组中成员的反移情。这组病人绝大多数多年来罹患着严重的心理障碍，而在一系列的测量中也有着显著的阳性结果。引人注意的是病人对自身改善的评价常高于评估者。本研究显示了治疗该如何减少其他昂贵健康设施的使用，这是传递给德国保险公司的一个重要信息，在此之前，这些保险公司已经不太愿意资助长程的治疗了。

精神分析训练和相关的职业化问题研究

欧洲精神分析联合会（European Psychoanalytic Federation，EPF）的教育工作小组（Working Party on Education，WPE）最

近（2010）完成了一项针对精神分析培训的长达10年的研究项目，涉及多方面的要素（见 Erlich Ginor，2010；Junbers et al.，2008）。开展这项工作的目的，就是为了使评估受训精神分析师的标准更清楚（Tuckett，2005）。这项研究运用了量化法和过程研究法，过程分析是由分析师本人使用他们的心理动力学解释的技能来完成的。本研究也是一种行为研究，描述在治疗中实际存在的过程，并且反映出治疗师所了解的内容。这是在所有27个 IPA（见第九章）精神分析培训机构中开展的横向研究，考察了培训的模式、原则和培训的做法、培训中宣传目标被传授的方式，也研究了培训结束时的评估。研究结果提供了一些标准，便于将来在临床上进行更进一步的测试。工作小组调查了不同国家中不同培训机构的评估标准，通过这种方法，培训程序得到了改善。（即将出版发行相关著作。）

结论

精神分析研究近年来已经成熟。精神分析师和外行人提出了不同的问题，这也提示我们，展示适用于这些问题的一系列研究方法有效的必要性。

第七章　咨询室外的精神分析

在本章,我们将看到如何将精神分析取向的咨询应用于咨询室以外的情境中。本章分为两个部分:精神分析取向的咨询及具有学科性质的精神分析。在治疗中,精神分析情境下的移情与反移情已经形成了一个研究和咨询的模式,这种模式能应用于各种场合,包括人与人之间的关系。另一方面,无论是从它本身的性质而言,还是从它对社会学、哲学和文学等学科的广泛影响而言,精神分析都当之无愧是一门学科。

精神分析咨询

精神分析咨询既可以在各种机构中,如商业、工业和社会公共机构开展,也可以在专业团队如家庭医生、护士、社工和教师之中开展。咨询的目的在于帮助相关人员更好地理解团队,或者理解在他与某个特殊病人、咨客或学生的关系中发生了什么。因为参与者在各自的领域内都是专家,所以精神分析咨询师并不是建议该如何工作,而是尽量在工作中对其没有意识到而又起作用的因素提出意见。

这一节，在讨论了机构咨询和专业咨询的背景之后，我们还将提出3个特殊的例子：(1)家庭医生；(2)护理职业（学院的）和（作为专业人员的）护士；(3)儿童看护机构和幼儿专家。

对机构的咨询

塔维斯托克人类关系研究所 (Tavistock Institute of Human Relations, TIHR)，是塔维斯托克 (Tavistock) 医院相邻的独立机构（见第八章），于1948年在伦敦建立，该机构是由于英国政府担心战后生产力水平低下而成立的。机构成员中有相当一部分都是战时在军事项目中工作过的，例如（从事）战时军官的筛选。

TIHR 项目涉及在工作场所检查潜意识小组过程，涵盖精神分析和社会科学的观点，特别是系统理论（见 Mosse, 1994; Roberts, 1994）。

一项持续了8年时间的早期行为研究项目，研究一个新的国有煤矿企业中的工作结构 (Trist et al., 1963)。这项研究引出了一个重要的改革，即"复合型工作"(composite working)，复合型工作要求在一条煤沟里工作的一个小组的所有成员都是具备多种技能，以便他们每个人都能胜任各种工作，可以建立完整的操作程序。这让团队能够自我调整，使团体每个人都富有参与感，让生产率、工作满意度和劳动关系得到显著改善。

当获得政府资助越来越难时，TIHR 把焦点从基金资助研究转变为直接由机构所委托的咨询。例如，伦敦冰川金属制品公司要求协助完成一个从计件工资到计时工资的改革,(JAQUES,1951),咨询师参加了几个月的各种工人、管理者及两者都在的团体会议。咨询师的作用并不是成为改革过程中的一分子,而是留意双方都没有意识到的过程会产生怎样的结果,这种结果可能会导致对抗及僵局。这个工作的成果不仅仅是使新的工资制度能被采用,让所有人都满意,而且在解决工资问题之余,还成立了一个新的"车间委员会",其会员被允许能在以后参与政策的制定。

在20世纪60年代中期,伦敦消防队要求TIHR协助征兵。这次咨询,实际上并没有带来变化,对这次咨询的简要回顾暴露了咨询工作中的一些方法问题(Menzies Lyth,1965),也弄清楚了本应该在改革中出现但缺乏的要素。两个咨询师花时间走遍了伦敦的消防站,为消防员们争取人们的尊重。咨询师发现人们总认为政府不重视消防员招募,而产生这种想法的原因是:比如在有些消防站长期不能充分就业,消防员尽管长时间地工作,却并未得到尊重。咨询师还发现,管理部门盲目地认为当有些职位空缺时,消防队实际上是可以充分地被操纵的,即使缺乏士气,但系统会工作得更好。

咨询师给了许多建议,例如设置机构的值勤名单表,待命的时间和晋级的选拔,这些应该都能提高士气和留住人员。但是令人伤心的是,伦敦消防队并没有接受这一调查结果,作者注意到这可能是因为机构太大,地方官方委员会对实际问题和消防员都不算熟悉,也不并真正关心这件事情,咨询顾问不能与相关的决策人员直接讨论调查结果，以帮助他们开始思考他们的意图及他们所能做的事情。

1957年，TIHR与莱斯特大学（Leicester university）合作，建立了"团体事务训练讨论会"，这些讨论会一直持续到今天。有时，在知名的莱斯特讨论会上，国际与会者从各自不同的工作背景中，把自己当地的事件都带到这里，大家一起讨论。这种讨论会被设计为一个短期的学习机构，与会者会有机会从自己关于团体及机构的经验和这个过程里他们自己所做的部分中得到学习。此外自他们开始，在英国和许多其他国家，已举行了约50场莱斯特讨论会，大量与其类似的、时间长度不同的团体事务培训得以进行（Obholzer，1994）。

咨询技能不仅仅被TIHR而且也被塔维斯托克医院和一些别的机构不断地应用和发展（Obholzer & Roberts，1994；Menzies Lyth，1989）。咨询工作已经被工业机构所接受：例如，精神分析师可以参与到关于欧元流通渠道安全程序的讨论过程中。咨询工作也在各种不同的背景下得以开展，如儿童日托中心、医院、学校和问题青少年收容所。

对助人职业者的咨询

下面的描述是6个护士和一个精神分析咨询师某次会谈的第一个部分，我们可以感受到护士们自然、直接的经历及它们对咨询师的影响。咨询师是这样记录的：（Fabricius，1991a: 97-108）：

第七章　咨询室外的精神分析

　　当会谈开始时，他们漫不经心地在谈论艾利森的疲劳。显而易见，今天是她19岁生日的前一天，但她并没有庆祝。这更多地让我意识到这些护士大都处于这个年龄段，19岁的生日庆祝会和她们的日常生活之间形成了强烈的反差。在短暂的停顿后，布瑞基特说："这个星期我真的过得非常糟糕。"不知怎么的这似乎并没有被其他人听到。艾利森问："你为莉萨的天花板刷了油漆吗？"这个话题引出在护士宿舍刷房间的讨论。过了一会儿，我评论说，布瑞基特的话似乎被忽视了，所有人轻松的谈笑表示她们知道她们在回避这个问题。

　　然后，布瑞基特说昨天医院死了3个病人。一个是叫爱蒂丝的病人，这是在她预料之中的；布朗太太，一个病得非常重的病人，但她的死是意料之外的。布瑞基特在值班时看到爱蒂丝周围的窗帘，想她可能已经死了，但是在早上6点她却被告知布朗太太死了。有个叫苏姗的护士非常心烦意乱，因为医生责备她没有护理好病人。第三个死亡的病人是一个中风昏迷的女士，是布瑞基特突然发现她没有了呼吸，她感到极度的内疚，因为病人死得如此孤独，甚至没有人在第一时间发现。布瑞基特尽可能帮助第三个病人料理后事，这是她第一次——她真的希望自己没有做过——把被单盖在死者的脸上，并把她移到推车上，像一大块肉一样，这让布瑞基特感到非常恐怖。布帘被拉到所有的床周围，同时，所有的尸体都被移走了，没人告诉其他的病人发生了什么事情，虽然他们肯定已经知道了。在早上休息的时候布瑞基特说，她忽略了她的其他病人，而且有一个病人每两个小时要上一次厕所，这让她感觉特别糟糕，她满脑子想的都是努力使自己保持勇敢。

几乎没有停顿，查理斯代恩说："我们也有3个病人死了。"此时我感到"哦，不，不要再有另一个'3'了。"在这一个小时中，压力已经超出了这个小组的承受能力，我真的无法忍受了。我也注意到查理斯代恩是用一种轻松随意的方式谈论这件事的，仿佛在说："3个死人没什么，任何一个人都能处理好这些事情。"所以我感到她们都是在这里努力装出一副勇敢的样子。这可能是她们掩饰手足无措的唯一方法。我们讨论了布瑞基特的经历，包括如何更好地安排其他病人。

　　通过讨论，我强烈地意识到，我记得布瑞基特早先告诉我们她父亲一年前死于心脏病发作，但没有人注意到这一点。过了一会儿我提醒大家，应该记得她告诉过我们这件事并且想知道大家怎样说。一直沉默的费欧娜说，问一个人是否知道提到过这些事情，是让人感到难堪的。然后布瑞基特告诉我们，这使她想到了她的父亲，她打电话给她母亲想知道他是否也是像那样被包裹着，她母亲否认了。后来，我们可以想到，在难以提及布瑞基特父亲与难以对别的病人说关于死去病人的事情之间有必然的联系。她们能够发现，被关注好过被单独放在一片沉默之墙背后而不知其他人的想法，对于布瑞基特来说这是种释放。同样的，让别的病人能直接获得消息并且有机会分享他们对死亡的感觉，也会是有帮助的。

　　医生、护士、社工、教师、护工、儿童工作者都是与儿童、慢性病病人、老人、残疾人工作的，都是在人际关系中工作。大部分工作都是通过关系本身来完成的。教师必须管理班级并激发学生的好奇心，来学习发生了什么；医生必须和病人建立一种信任关系，并且冒被攻击和暴露的危险；护士必须表达关怀，然而却是有界限的，照顾病人并且允许陌生人与自己有某种程度的身体上的亲密接触。精神分析师从他们对日常关系的研究中知道，有多少潜在的感情因素会发挥作用及影响关系，特别是那些倾向于带来一种近似于孩子对父母的依赖的感觉的关系。

通过对单个的和团体的专业人员的咨询，精神分析师带来了对求助者和帮助者的情绪的理解。如第一章所讲的，他们对移情和反移情的理解，能启发和支持专业人员，（让他们能）处理他们打算提供帮助的、通常是痛苦和愤怒的场景。精神分析师了解人类的发展，能帮助专业人员考虑到儿童、青少年或成人所面临的主要的焦虑，一个十几岁的少年通过对一位有魅力的年轻女教师做性的评价来破坏课堂，也许正是他自己对性的手足无措所作的一个很好的防御，理解了这种焦虑及对这种焦虑的对抗（见第二章有关阻抗的部分）老师会更少地考虑自我保护的需要，而更多地考虑怎样帮助他在班级中安静下来。

通常对专业助人者的精神分析咨询，是在小组中展开的。一般来说是这样的一个场景，在1个小时到1个半小时之内，首先一个参与者呈报他对一个求助者所做的工作，咨询师主持讨论，小组成员就该同事与求助者之间的关系提出观察和假设。往往一个假设能激励呈报者去注意一些更深层次的细节，要么更支持这一假设，要么得出一个可替代的构想。有时候如上面所提到的例子，一个广泛的讨论能帮助一个小组一起处理和学习在工作中遇到的感情冲击。为了能用这种方法开展工作，在所有的同事之间及咨询师和其他专业人员之间需要有相当的信任。因为这个原因，这样的工作只能在一个稳定的小组中开展，在几个月或几年内小组保持定期会面。咨询师的任务在于建立一种小组的文化，应认识到，其主要目的不是判断专业人员的工作是对还是错，或是告诉他怎样做会更好，而是探究和找到人与人之间相互影响的方式和意义，其中一个人对另一个人而言，是作为专业人员来处理其关系的。

虽然这样的工作经常涉及对专业人员自己的感受的探索，这种感受往往与求助者的感受相关。咨询师和小组成员需要清楚地区分工作咨询与个人的治疗。这样的工作主要目的是帮助专业人员在他们的工作中考虑他们自己的反应，而不是为专业人员提供个人治疗。上面的例子也许不算是典型的小组工作方式，对于一组非常年轻的护士学生来说，要帮助她们对自己的经历进行加工，但是即使是这样的小组，聚焦的也是她们在工作中的感觉，而不是她们个人的困难。

对家庭医生的咨询

对家庭医生的咨询在这类工作中是最早的，这项工作在20世纪50年代，由在塔维斯托克医院工作的巴林特开创。1957年在《医生，病人与疾病》一书中，巴林特发表了关于这项工作的说明，这本书至今仍广泛流传。家庭医生通常会与病人保持长期的关系，甚至治疗一个家庭的几代人。当人们有各种不适的时候，家庭医生往往是人们的首选。

与家庭医生一起工作时，巴林特意识到，他们的很多病人都有长期的不快感，并且以疾病的方式在医生面前表达出来。有时，家庭医生以随便打发的方法处理这些病人，结果是，不满的病人被医生们漫无目的地反复转诊，受挫的家庭医生也开始讨厌病人无休止的抱怨甚至讨厌病人本人。对这样的病人来说，告诉他"没事"是没有任何作用的，显然问题仍然是存在的，即使病人的背、头、胃或其他器官完好无损。巴林特鼓励家庭医生，改变对这些病人的思路，找到新的途径来解决他们的痛苦。这种方法不仅适用于理解病人单纯的心理问题、或对生活事件的对抗，还能帮助这些家庭医生理解那些急性的或慢性的躯体疾病的病人心理上的反应。

这种与家庭医生工作的方式一直持续到今天，也因其名为巴林特小组（Balint Group）而闻名。另外，在训练之中家庭医生能获得一些顿悟，所以现在所有的家庭医生可能比在20世纪50年代的家庭医生，更能体会到心理因素的影响。巴林特小组最近的一次会谈例子如下：

> 当精神分析师进入房间后，7个小组成员已经聚集在一起，正在讨论有关他们工作量太大的话题，这些家庭医生们在一个小城市的不同地方工作，他们每个星期在这个设置良好的巴林特小组会面一个半小时。他们围绕着工作量增加、工作压力增大的话题在讨论。例如，一个难民区里仅有两个家庭医生。这意味着医疗咨询中要解

释很多问题，时间长且难度大。手术经常超时，午餐时业务会议不得不缩减，而家庭访谈仍然没有完成。病人抱怨要等的时间太长，但是他们能做什么呢？咨询师评论说，每个人都似乎感到特别有压力。B博士说今天该他来报案例了，A太太，那个他准备讨论的病人，是一个真正的负担和麻烦。她是一个68岁的寡妇，B博士似乎不能很好地控制她的血压。而问题在于开给她的每种药，都会引起副作用，尽管B博士试了所有的方法，她每个星期都来，他真的感到无能为力。

B博士补充了一些关于医疗和家庭背景的细节，然后就是冗长而热烈的关于控制血压的讨论。每个人都给B博士关于治疗的合理建议，但是他看起来依然很沮丧。咨询师鼓励他为大家描述一幅为A太太提供咨询的典型场景的画面。这样做了以后，他解释主要的困难在于贫穷的A太太对药物非常敏感。每件事似乎都使她感到不舒服或每种药在她的嘴里都让她觉得味道非常可怕。团体成员逐渐变得不耐烦，并且轻视这种症状。（他们说）B博士再也不应该容忍她每周来门诊，他应该告诉她服用一种新药应该坚持一段时间，而不是有点什么就大惊小怪。

咨询师在这儿打断说，从小组成员的反应来看，A太太似乎是一种要么就让医生很担心、给她很多治疗，要么就让医生不耐烦地走掉的人。这可以说是A太太很重要的特点。B博士说，人们对她有一点不公平。他解释说A太太经常告诉他，她确定她是在浪费医生的时间，而且她已经听任这样很多年了，来麻烦他之前，她感觉真的非常不好。S博士说："所以她有一点假圣人的味道。"B博士说：

"你要知道，这是内疚感。""我现在意识到当我在日程安排上看到她的名字时，我真的有负罪感。我感到这是我的失误，我不能处理好她的血压。我本来能够做到的。她有很多的时间，但她的儿子并不探望她。他们住得相距几公里，却从不来往。"

T博士笑道："所以你替代了她的儿子，对吗，德克？你从没意识到。"S博士说："她可能像德克的母亲。"更多的人笑了。B博士也笑了，但是并没有回答。M博士突然说："我想确认下，这是你去年秋天讨论过的病人吗，德克，她让你不得不去她家里，因为她的脚有溃烂？"德克说："不，不是她，她的腿没有溃烂。""对我来说，这听起来像同一个人，你知道，德克，我想你有一点儿软心肠。"T博士说："无论如何，因为高血压而不断改变治疗不是一个明智的主意，不是吗？我想你应该坚定地告诉她，每种（药）至少试一个月，到那时候，一些开始有的副作用，可能就消失了。"B博士回应的更自信些了，说是，这样就更能理解了。

咨询师注意到，P博士，一个非常活跃的组员，一直没说什么，这个时候也开始对这件事发表评论。P说在感情上她真的理解B所说的，"我很理解，你知道，这种负罪感，并且急切地想做些什么。它阻止你思考负罪感是从什么时候开始的，它也阻止你做你真正应该做的事情。"

讨论回到A太太身上，这时多了一些沉思，也少了一些玩笑。在咨询师的帮助下，他们开始思考她频繁地、焦虑地换药可能意味着什么？自从3年前她的丈夫去世，她是怎样生活的？B博士所记得的她的丈夫是什么样的人，他们的关系如何？B博士可不可以帮

> 助她放轻松一些，鼓励她讨论一些除了血压以外她所担心的事情？应不应该让专业咨询师为她提供咨询？

从这个例子中我们能看到小组是如何在一起工作的，并发现病人是如何影响医生，激活医生的这种作为子女的内疚感的。意识到这种感情不仅不会减少医生对病人的同情，而且还能让医生更好地把握自己的判断，即对于 A 太太及她的高血压来说什么是最好的治疗方法。

对护理专业和护士的咨询

一个在 TIHR 工作的精神分析师（见上），伊莎贝尔·门赛斯·丽思（Isbel Menzies Lyth），是最早为护理专业做精神分析咨询的人。1959年，她受伦敦教学医院委托，尝试在护理机构中建立一种新的工作方式。结果报告（Menzies Lyth，1959）描述了建立在护理组织上的护理工作。门赛斯·丽思描述了在这种工作形式下的任务的分配方式，例如在看护处测量所有病人的体温，而不是根据病人的具体情况来测量；再比如说混管不同的病人，从而防止单个护士与单个病人亲密接触。"护士，给12床的那个膀胱癌的人拿个便盆！"这个可怕的指令说明了这种非人化的制度。

门赛斯·丽思注意到：机构文化鼓励冷漠和否认感觉，及试图通过使用章程、检查和复查来排除个人的决定。门赛斯·丽思的假说是这些策略的制定是为了防止护士们过度焦虑，这种焦虑产生于工作中过度的身体和精神上的亲密；她认为这个系统能帮助护士,避免感受到病人和她们自己紧张的感觉,但这同时破坏了她们细致的护理能力。

门赛斯·丽思的报告得到了意见不一的看法,在《护理时代》(Nursing times)的一篇评论上(Menzies Lyth,1988),它被作为一种"护理专业破坏性的批评意见"而被否定,其他人则发现这个观察中有一些有趣的东西。从那以后,这篇论文不断被护理专业的作家引用。然而,它并没有随着实践的改变而被承认。该论文描述了强大的、机构化的潜意识的防御机制,这并不奇怪,一篇被很多人读过的论文未必就能在学校里引起重大的变革,例如说在护理专业。

然而,在专业实践中,精神分析师(和精神分析性心理治疗师)已开始了对护士的咨询,例如法布里丘斯(Fabricius)已经开始着手对护理专业的学生(1991b)和老师(1995)的咨询,并且发表了几篇论文。关于护理专业及其机构的潜意识因素(Fabricius,1991a,1996,1999),在上文给出的护理系小组的例子中,其中低年资的护士在情感流露上几乎都是毫不遮掩的、敏感的。她们还没有建立这样的个人防御机制,虽然这些早就明显地存在于成员的文化中。而这种文化氛围促使年轻的护士要么获得专业防御,要么感受到难以忍受的焦虑。因此职业的防御机制是永久的,这也让护理人员因为压力和耗竭而丧失掉应该具有的职业敏感度。要在保持敏感性的同时维持专业职能是需要有特殊能力的,幸运的是存在这种能力。精神分析咨询也就是在试图帮助这些护士发展应对应激的方法,以使得敏感的职业实践得以维持。达廷顿(Dartington, 1994),莫兰(Moylan, 1994)和拉维(De Raeve et al., 2009)都在这个领域工作。

对幼儿工作专家的咨询

在汉普斯特德(Hampstead)托儿所(见第三章)为孩子做的日常工作都是根据精神分析领导者的理解来制定的(A. Freud, 1944)。随后的20世纪50年代,在哈姆斯蒂特托医院,即后来人们所知的安娜·弗洛伊德中心,一个小托儿所和几个父母-婴儿小组在一个精神分析师的帮助下开始运作(A. Freud, 1975; Zaphiriou Woods, 2000),虽然这个托儿所最终于1998年关闭(婴儿小组仍存在,在美国,以它为模板而建立的一大批托儿所仍然在运作)。在英国,托儿所和其他为非常小的孩子所设的机构接受精神分析咨询的工作方法依然在继续。不断有证据表明,在孩子1岁的时候是否能够得到最佳的照顾对他今后的人生至关重要(见第六章)。显而易见,针对工作者的咨询,相比个别治疗可以让更多的孩子受益,这也很好地利用了一个儿童精神分析师的时间和技术等资源。

在儿童护理工作中,有一个对机构工作很有影响的例子是关于詹姆士·罗伯森(James Robertson)的。他是在汉普斯特德托儿所工作的社会工作者,后来成为精神分析师,与约翰·鲍尔比(John Bowlby)一起工作。罗伯森研究住院孩子的反应。人们都知道,20世纪50年代早期,家长到医院探望孩子是很打扰医生工作的,大多数医院仅在周末才允许家长有几个小时的时间探望孩子。罗伯森发现孩子与父母短时间相聚后马上分离会出现强烈的痛苦，随着住院时间的变长，这种反复的分离将导致孩子变得冷淡并最终变得冷漠。最后，让医院工作人员的工作变得轻松的是，孩子和成人的任何联系将变得情感肤浅、心不在焉。而出院后与父母之间这种有问题的关系还会持续一段时间。

为了劝说医院的管理者改变他们有关儿童探访时间的工作模式，1951年罗伯森拍了一部名叫《一个两岁小孩去看病》的电影。影片展示了他描述的（儿童就诊的）过程，却依然没有改变什么。这部电影遭遇到的是（观众的）愤怒和抛弃。罗伯森对此的理解是，人们害怕因为意识到孩子精神上的痛苦而导致其防御机制崩溃（Robertson & Robertson，1989）。事实上，直到1959年的普拉特延长住院探视时间的建议才被采纳。然而这个精神分析式的、有见地的研究通过影响医院的政策及对护士和社工的培训，在儿童福利方面确实产生了深远的效应。

许多分析师从各个不同的方面描写了对儿童护理职业的咨询。通常这类咨询需要与工作者一起进行，用以上讲过的方法，但会特别倾向于婴幼儿发展的问题，当然还有一些工作需要父母与小孩共同参与。工作场所包括早产儿病房（Fletcher，1983；Cohn，1994；Kerbekian，1995），全科医院的儿童门诊（Daws，1995），市立玩具图书馆（Bowers，1995），托儿所和幼儿园。

精神分析学术

在美国，精神分析大多是从精神病学中发展而来的；然而在其他地方，例如法国，精神分析一开始就和大学有着紧密的联系。但是在英国，它的发展独立于大学与公共医疗机构。对英国精神分析学会（BPAS）来说，这既存在有利的因素也存在不利的因素。它之所以自成一体，是为了保持在培训、实践及学术研究上的独立性。一方面不受医疗服务机构及政策的约束，但另一方面又存在学术隔离的危险。不过英国精神分析学会（BPAS）经常与其他领域的精英对话（参见第九章最后）。例如2003年在英国召开了一个重要的会议"弗洛伊德百年"（the Freudian Century），精神分析师和不同学术领域的发言者发表了演讲，（强调了）弗洛伊德思想对20世纪知识和文化生活的深刻影响。从那时开始，精神分析师便一直受益于这类连续性的学术讨论，当然精神分析师也在这类讨论中做出了自己的贡献。比如在2008年，塔克特（Tuckett）和塔夫莱（Taffler，2008）以精神分析的视角来研究股票市场的稳定性，再比如韦恩罗伯（Weintrobe）的文章《失控的贪婪和气候变化》（未发表，2009）。

英国精神病学和心理学强硬的行为主义和系统主义传统，几十年来一直把临床精神分析看作他们的边缘学科，直到健康职业被关注。相应地，正如迈克尔·拉斯丁（Michael Rustin，1991）所指出的，作为对这种僵硬的经验主义传统的反应，精神

第七章 咨询室外的精神分析

分析在文化领域的发展倾向于尽可能地远离经验主义的思维模式，也就是说，接近拉康理论。这便是拉斯丁所看到的英国临床精神分析的特长，英国临床精神分析的根基是在关系之中仔细观察情感体验。这一基础过去曾被主流的心理学家、精神病学家还有学院派相对忽略。

关于拉康著作中针对弗洛伊德早期著作和后弗洛伊德学派著作的评论，拉斯丁讨论了其局限性和特殊性的主要区别。拉康追踪了弗洛伊德早期通过对梦的研究所告诉我们的潜意识的语言：即象征，凝缩及转移的机制。拉康用这种方式宣称，精神基本上是构建在语言及其所包含的文化因素的基础之上的。这是汇聚了语言和文学的结构主义理论，并构成了拉康理论的文化基础。（译者注：symbolization，象征，符号表现。这个词在临床界一般翻译成"象征"，但是有些心理学界的学者习惯翻译成"符号化"，这和后现代主义哲学有共通之处。）

拉斯丁关注的是这样一些人，他们的精神分析主要来自于弗洛伊德早期著作的拉康版本，并且脱离近几十年的精神分析发展。这些人所熟悉的这个版本的精神分析很奇怪地避开了身体，而且很少关注关系中的情绪体验。然而近年来，在英国和法国学术界，精神分析不断被认同，隔阂逐渐变成桥梁，人们都意识到事实上精神分析知识起源于临床实践，精神分析理论与临床实践脱离后就不能被有效地传播。

我们现在简单地把精神分析当作一种它自身的学科规范，然后来看看新的和扩展的社会心理学科领域，最后讨论下精神分析与其他学术领域的关系。这些总结不可避免地存在选择性和不完全性，只能当作每个方面的入门性介绍，但我们希望（传递）给读者们这样一个观念，即精神分析能够激活其他的学科或者被其他学科激活。

精神分析研究

精神分析研究在大学通常是研究生课程。精神分析学的独特特点是它同时是一门集艺术、科学和临床于一身的学科，这意味着你会发现，在英国大学的不同学院都设置了精神分析的相关课程，例如健康研究（在肯特大学和谢菲尔德大学里），社会科学（布鲁勒和利兹首都大学），或是独立的精神分析研究机构（伦敦大学和艾塞克斯大学）。

依赖其部门和成员的特殊历史背景，不同的精神分析研究课程都有不同的侧重点。我们以2009年的研究生计划书为例来看看。这门课将介绍精神分析概念和历史，当代的争论，包括关于人格、心理和心理病理的理论；讨论精神分析观点如何帮助我们理解当代的社会文化问题；检验临床治疗中的精神分析，注意到精神分析理念已经影响了一系列卫生保健措施；阐明被研究问题的形成和研究的不同方法。

布鲁内尔和利兹都市大学的研究生课程都把临床理论作为基础，然后在对当代文化现象（如文学和电影）、女权主义、政治理论的分析中都强调以精神分析的视角来分析。与此相反的是，肯特谢菲尔德大学更强调开展临床实践和以临床实践为导向的基础理论性课程。伦敦埃塞克斯大学的精神分析课程的教学更加的与众不同，他的教学人员都是临床精神分析师或者分析心理学家（荣格学派的分析师）。虽然他们的理论教学多于临床教学，但大学教员全面的临床背景，给了他们的教学与众不同的帮助，许多学生也发现这些课程正是临床精神分析培训的必经之路。

社会心理学研究

这是一个让学者们兴趣快速扩展的领域，它与精神分析研究密切相关，但又有所不同，因为社会心理学强调的是社会和心理之间的相互关系。社会心理学关注的是个体内部世界和外部世界以及彼此的相互作用。跨领域调查是社会心理学赖以生存的根基，当然，精神分析在这里也起到了关键作用。最著名的社会心理学研究地要数东伦敦大学（the University of East London，UEL）、西英格兰大学（the University of the West of England，UWE），伯克贝克学院以及伦敦布莱顿大学。

追溯对这一学科研究兴趣增长的某些贡献性因素是件有趣的事情。在19世纪60年代末期，社会学盛极一时，但是到了19世纪70年代就不再那么吸引学生了，而学生们的兴趣也从社会现象（如阶级、社会地位、权力）转移到个体体验和社会现象中的个体意识这些方面。对身份、情绪、女权主义、种族、叙事研究和传记研究是当时社会心理学发展的主流。坎迪达·耶兹（Candida Yates）在2001年假定治疗文化的影响会超过学院派的影响：社会心理学研究的范畴涉及人们对机构和权威的态度的文化转变方式，然而一些"新"大学招收了一些急切想了解自己个人经历的新学生，这给在那里工作的心理学家和社会学家带来了新的挑战，也使得社会心理学处于中心的历史和重点稍微有些改变。

在布莱顿大学，社会心理学研究院的心理学硕士课程是跨学科的，它是由心理学和社会理论、方法论及实践有机的结合起来的。而这些学术分支涉及后建构主义、批判理论、精神分析、系统论以及女权主义和人道主义。它关注的主体包括：情绪、疗法、记忆、冒险、性、人类权利、自杀、机体调整以及道德滑坡。东伦敦大学的文学硕士在精神分析课程的学习中关注的是精神分析理论及其在文化和文学作品中的运用。身份、种族、女权主义、叙事研究和社会生物学是他们研究的热点。东伦敦大学之所以与众不同，是因为它与塔维斯托克中心一起合作开展了一个项目，为许多专业课程提供了研究经费，同时学生可以从临床实践研究中巩固和提高认识。研究生们从婴儿观察和系统观察中获得了相关经验，因而可以把精神分析状态整合到他们的大学学习中。

东英格兰大学的教学关注的是精神分析和社会学理论在机构、社会、政治问题中的应用。它突出强调了精神分析和现有的社会政治理论之间的相互影响。在伯克贝克学院，社会心理学学科正在逐步脱离心理学主干，而是否需要将其与心理学分开设置还在讨论中。关于个体、社会以及二者之间的相互作用这一话题还在讨论。精神分析通过投射性认同概念、无意识念头控制外在行为的这种理解方法在这个学科研究中扮演着非常重要的角色（Frosh，2003）。目前的研究热潮包括：社会和个体同一性、性别差异（见 Frosh et al.，2002）和性心理、宗教、应用社会学以及质性社会研究方法。

从现有的大量课程中我们可以看到对精神分析观念的兴趣在增加，这些课程包括精神分析的核心课程以及精神分析的理论模块。例如，内米·西格尔（Naomi Segal）在他 2007 年未公开的学术论文里描述了精神分析作为学术课程会以不同的方式来讲解，比如在伦敦国王大学是用英语来教学的，在英国公立大学却是用德语来教学的，在伦敦巴特莱特建筑学院则是从建筑学的角度来教学的。

精神分析和哲学

哲学家乔纳森·李尔（Jonathan Lear，1998）指出哲学与精神分析运用各自的方式进行着广泛的对话，他引用了苏格拉底的一句格言，"未经考验的生命是不值得存在的"及其基本问题："我怎么活着？"来阐明这两个学科共同关注的问题。但奇怪的是在近 20 年里，精神分析的思想似乎仅仅使许多哲学家为精神分析的科学地位争论不休（见第五章）。

当代哲学家如理查德·沃尔海姆（Richard Wollheim）发现精神分析的观点中有一个关于哲学问题的有效的开始："什么是成为人？人们如何生活？"（参见沃尔海姆，1984）。同时迈克尔·勒凡（Michael Levine）（2000）编写了一部重要的受精神分析启发的当代哲学论文集，他非常希望哲学界从要么攻击弗洛伊德要么捍卫弗洛伊德，转变为真正地在哲学思想中使用精神分析理论。

例如，精神分析对爱、恨和意识的研究对道德哲学的争论就有贡献。精神分析学家罗杰·曼利－基勒（Roger Money-Kyrle，1955）和哲学家理查德·沃尔海姆（1984）已经应用了梅兰妮·克莱因的关于抑郁和偏执分裂位态的思想（见第二章）。在这个理论框架下，一个发展的、因爱而被驱使的个体在冲动下逐渐朝向认清现实、修复对重要他人的伤害的方向发展，并会讨厌同时并存的否认及摧毁他人的仇恨的和/或恐惧的愿望。这个动力告诉我们，自然道德和道德冲突的基础，仅仅是由于我们是人类以及我们对他人的矛盾的需要。

精神分析为人类生活提供了一个观点，这个观点在某些方面是站在与笛卡儿相反的立场上的。笛卡儿的核心思想是，人类处在一个永恒的空间里，孤独的、带着完美的意识和理性的头脑。即便社会已经可以进入这样的模式，但是许多更早期的思想家如托马斯·霍布斯，也还是清楚地或含蓄地把他们的理论建立在根据相互对称关系中的完全理性的成人化的思想、道德、社会、政治的基础上。作为论证的目的，霍布斯认为这些（完全成人化的）人可以被看作——用霍布斯（1651）的话来说——"就像蘑菇立即冒出地面，突然成熟，彼此间没有任何形式的结合。"西雅·本哈比卜（Seyal Benhabib，1992），一个女权主义哲学家和社会理论学家，引用了这句话，把它作为一个否定我们之间复杂的相互依赖的关系的例子，这种相互依赖始于对母亲的普遍依赖。(本哈比卜觉得，霍布斯的说法)这就像说人能创造出一个社会，而他们自己却不需要被创造也不需要依靠别人。

爱米莉·斯蒂尤恩(Emilia Steuerman)(2000)讨论了精神分析如何能帮助我们完成本哈比卜对我们所呼吁的，重新认识人类关系的复杂性和不对称性。她在分析现代性和后现代性的争论时用到了弗洛伊德和克莱因的理论。对斯蒂尤恩来说，客体关系理论的优点在于它向我们显示了我们如何从自己的世界进入到与他人的关系中，这开始于对母亲的全然依赖。这个研究的对象并不是简单的一个人的思想，而是两个学科之间不断发展的对话过程。

社会学家和政治理论学家迈克尔人·拉斯丁(Michael Rustin，1999)和精神分析师大卫·贝尔(David Bell，1999)用客体关系理论来维持现代主义者和实证主义者的哲学地位。在他们的观点中，心理事实有待于探索和发掘；一个人的内心世界就是自然世界的一部分，尽管移情与反移情之间的复杂性意味着与他人关系的复杂和特殊。对于病人的本质，我们只能不断地无限地去靠近，而且不可避免的是以分析师的(描述性)主观经验。然而，这并不意味着它不能靠其他的途径获得，例如，客观认识论，站在第三个人的立场上观察，同时尊重自身主观性。贝尔(Bell，2009)展示了在临床情景下，一个"相对"的精神病状态怎样形成部分的精神病性退行(见第二章和本章后面)。在这样的病人表面上超越了人类的局限，但是最终导致了绝望和精神病境地。

精神分析和人类的破坏性

精神分析为我们提供了一些研究人类破坏性的工具，比如从战争、种族仇恨、种族灭绝等社会重大事件中都可以看到人类的破坏性。弗洛伊德在其后期（1930）的工作中，假定人天生具有"生本能和死本能"，生本能倾向于构建和塑造，死本能倾向于破坏和毁灭。弗洛伊德的观点就是，某些人类本能无论是性驱力还是破坏性驱力，为了保护社会稳定和文明发展，都需要得到控制。外在社会的限制条件和内心世界的压抑都是相互联系的，人们必须经由不可避免地对俄狄浦斯情结的修通，放弃我们所不能拥有的，并发展出超我。对弗洛伊德，及许多后来的思想家如克莱因来说，冲突和竞争是人类无法逃脱的部分，而社会必须对此进行管理。

有着乌托邦情怀的精神分析理论学家们，如在第三章提及的作为精神分析中的"自体心理学"学派的奠基人海因茨·科胡特，则更多地倾向于把人的"本质"看作是好的，有摆脱冲突的潜质。科胡特认为，我们并不是完美的，因为会受我们父母和社会的缺陷的影响，或者从理论上讲，在一个理想社会里，我们是可以变得完美的。科胡特在其发表的一篇论文里，阐述了这一点，下面是其中的一段摘录：

为什么我们不能让更多的那些信奉传统精神分析观点的人确信，代际间的争吵，彼此残杀的愿望，病理性的俄狄浦斯情结（和正常发展中的俄狄浦斯情结不同），这些东西并没有指向人的本质，而是对正常的偏离，无论这些东西出现得多么频繁。……正常状态——尽管其纯粹形式较罕见——是童年的一种愉快的、向前的、发展的倾向……是父母这一代人对下一代的充满自豪、自我扩展的共情和带着愉悦的镜映，如此，让年轻一代有能力去展现自己，成为不同的人（Kohut，1982:403）。

而从这个连续谱的另外一端来看，梅兰妮·克莱因（1960:271）强调对母亲（他人）的爱与恨之间的内在冲突：

一个小婴儿与他母亲之间好的关系、被母亲较好地喂养、爱护、照顾是稳定的情感发展的基础，然而……就连在非常好的照顾下，爱与恨之间的冲突（或用弗洛伊德的话来解释，是破坏性本能与力比多之间的冲突）也扮演着重要的角色……在某种程度上来说，无法避免的挫折能增加憎恨和攻击性。我的意思不仅仅是说婴儿想吃东西而不被喂饱就是挫折……有许多对母亲及母亲的更多的爱的潜意识渴望会不断地出现。这是婴儿精神活动的一部分，他很贪婪，也很渴望能够有更好的环境。同时，因为有破坏性的冲动，婴儿也有妒忌的感情，妒忌不断加强他的贪婪并妨碍他，让他得不到满足（1960: 271）。

在政治学和社会学的术语里，关于对人类冲突和如何去创造一个好的社会这两个观点之间的争论可能会有不同的含义。社会心理学家斯蒂芬·甫洛斯（Stephen Frosh，1999）和社会学家迈克尔·拉斯丁（Michael Rustin，1991，1995）都赞同这样的观点，人性中的破坏力量是不可避免的，不管他们的理论来源来自什么，这个观点都有助于理解他们的视角中更能"容忍"社会。精神分析学不仅可以从中学习，也可以让人搞清楚为什么有的社会实验有效有的却无效。

甫洛斯和拉斯丁说，如果我们能更好地理解喜爱、讨厌还有嫉妒等心理现象的内在和外在起源，那我们就可以更好地去设计一些机构，比如学校、医院、工厂、监狱，重视人们内在的心理状态，并帮助人们进行反思，而不是对外投射或实施惩罚性的报复行为，这样就能促进人际之间的关系。这里我们又发现，这和本章前半部分有联系，即精神分析的思维方式也由此被带进我们习以为常的生活。

对存在于人类身上的毁灭性能力及危险的精神病的研究，精神分析学家汉娜·西格尔（Hanna Segal，1987、1995、2007）做出了独特的贡献。在她的核威胁的研究中（"沉默是真正的犯罪"，1987），她区分了两种思维状态，一种思维状态是在战争期间为了挽救和保护一些有用的东西，而另外一种则是完全的破坏心态，什么东西也不保留下来。布莱顿（Britton，2003）同样也指出战争具有防御性，爱国主义侵略是被误导的爱，种族屠杀则两者都不是：它是由泯灭人类差异性的欲望所引发的。后者，他所指的是，不同能力的人，要么不得不忍受一些不同的事或是"人"，要么就是表现出对差异性有精神上的"过敏"反应。法克瑞·大卫斯（Fahkry Davids，2002）也是近来对研究种族歧视有贡献的精神分析师。他应用了人性的"病态组织"的观点，意思是粗鲁的、极权主义的组织内涵已经渗入人性以及人们的交往方式中。约翰·斯丹勒（John Steiner，1993）在他的"精神回避"的研究中对这个方面做了很好的阐释。

精神分析不仅致力于研究侵略性和恨，也研究人类爱和修复的能力。重要的是我们接受自己的死本能这一事实。一个非常重要的、有趣的精神分析成功范例是南非的真理和调解委员会的工作。在英国精神分析学会的"欧内斯特·琼斯年度汇讲"中，瑞查德·戈登斯通法官（Richard Goldstone，2001）把这个工作与他自己的其他类似项目的经验一起提出来讨论过，在BPAS的网站上可以找到相关资料。

精神分析、文学和艺术

精神分析和艺术之间的关系是相互的，彼此激发对方。弗洛伊德关于心灵的洞察，很大程度上归功于他渊博的知识和他对文学的热爱。他经常引用歌德和其他一些伟大作家的文章。作家、文学评论家和精神分析师都对语言，及其象征、共鸣和关联极为关注。弗洛伊德最初的思想是，艺术作品呈现了压抑的婴儿的愿望，他把艺术作品与白日梦联系起来（Freund，1908），开创了"心理传记"的撰写体裁，并将其应用在研究中，比如对列奥纳多·达芬奇的研究（Freud，1910）。弗洛伊德意识到，他没有创造出美学的精神分析理论，没有说清楚是什么使一些东西成为真正的艺术，而不是转瞬即逝的东西。他早期的研究不可避免地被许多艺术家和文学评论家认为是有局限性的。（译者注：

弗洛伊德文艺观的局限主要在于只看到了艺术家的潜意识动机，而不知道一件艺术作品的产生除了潜意识动机外还需要有艺术技巧等各方面的配合，同样是俄狄浦斯情结的驱使，可以让人写出一本乱伦的色情小说，也可以让莎士比亚创作出《哈姆雷特》那样的名著，而单一地对作者潜意识的精神分析不足以区分及解释二者。）

如贝尔（1999）所阐述，精神分析学家们从弗洛伊德开始就对文学和艺术评论做出了贡献，并且有时运用文学片段去阐释精神分析理论。而学院派文学评论家们也在极力使用精神分析理论，莱特（Wright，1984）几十年来在研究艺术作品时全面地使用了不同的精神分析视角。弗洛伊德早期所强调的对艺术家个性的阐释，已经需要让位于另一种研究，即对作者和读者间所产生的虚拟角色的研究，或对创造过程本身的研究。

贝尔（1999）指出，尽管弗洛伊德的文章缺乏美学理论基础，但在他的文章《论瞬间》（*On transience*，1916）中，弗洛伊德还是直觉地抓住了理解美和哀悼能力之间的关系。他描述了散步时周围美景的离去，提醒人生的稍纵即逝，强调稍纵即逝的价值。而他的来访者[很可能是诗人里克（Rilke）]却哀悼稍纵即逝。

我们现在简要地分析一下在精神分析美学里不同的压力理论（这些压力理论都有不同的理论模型来源）。在克莱因学派的传统里，西格尔（Segal，1952，1957）把弗洛伊德的这种早期直觉拓展到了美学和象征理论，并应用了克莱因的哀悼和抑郁位理论，以及关于哀悼的能力的理论。（见第二章）在西格尔看来，艺术是具有修复功能的，表达了创造者为修复内在的损伤而做出的努力。艺术的才能给了某些人——特别是在他们遇到麻烦时，一条修通黑暗和痛苦的道路。西格尔认为，具有深度的艺术作品同时包含了美好和丑陋。希腊悲剧艺术就是如此，其内容反映了生活的恐惧和丑恶，而其形式却是美的。阿贝拉（Abella，2010）赞美西格尔贡献的同时，也针对西格尔"内容丑恶，形式美好"这一观点发起了挑战，比如当下的艺术作品象征性更少，很多表达的是出于本能的精神病性的或堕落的想法。

布莱顿（1998）更进一步揭示了关于小说的艺术创造力的更深层次的现象，与基于愿望得以满足的白日梦或心理幻觉的逃避主义者的浪漫故事不同，严肃小说是建立在心理现实的基础上的。后者的过程更接近于做梦而不是白日梦，这是本能地对心理真理的探索而不是逃避。

从克莱因学派转到英国独立学派，精神分析师米勒（Marion Milner，1957）也专注于类似的领域，但她强调白日梦、济慈（Keats）的"负面能力"和在创造力行为上有意识地放松对艺术创作的重要性。她的想法与温尼科特（Winnicott，1971）相同，温尼科特把游戏能力看作创造力最根本的基础。儿童最早期的环境必须足够好和可信赖，允许过渡的或潜在的空间的发展，这是内在世界和外在世界之间的一个区域，不是"我"，也不是"非我"而是在两者间的某处，温尼科特强调这个悖论不能而且必须不能被解决。这个地方是孩子的过渡客体首先归属的地方，也是游戏最终扩展进入文化世界的地方。

在当代独立学派的传统下，迈克尔·皮尔森（Michael Parsons，2000）对精神分析和文学之间的关系有着特别的兴趣。有文学背景的精神分析学家克里斯托弗·鲍拉（Christopher Bollas）对精神分析的理论和实践做出了广泛的贡献。他（如 Bollas，2009）介绍了如何运用精神分析的方法理解文学和艺术的丰富性。

关于古典和自体心理学精神分析，科特·伊斯拉（Kurt Eissler）和欧内斯特·克里斯（Ernst Kris）是很关键的人物。克里斯（1952）对艺术家心理学和艺术作品的精神分析解读做出了重要的贡献。伊斯拉也发表了关于达芬奇、歌德和莎士比亚的精神分析著作。

受结构语言学家索绪尔（Ferdinand de Saussure）的影响，拉康（在第四章也简要讨论过他的思想的）扩展了弗洛伊德关于梦的语言和神经症症状的隐藏性和欺骗性的发现，把这变成了一种理论，即语言是我们生下来就（置身其中）的结构，并且限制了我们的存在。拉康宣称我们身份感（sense of identity）是一种幻觉，我们被构建于语言之中。如同甫洛斯所说的，"并不是有一个事先存在的主体学会了通过言辞表达它自己，而是那个一开始'缺位'的主体因为处于一个预先存在的意义系统中而变得凝聚起来。"（Frosh，1999：140）用拉康自己的话说，"是语的世界创造了物的世界"（Lacan，1953：65）。

拉康的工作是循着前人雅克·德里克（Jacques Derrida，1978）的脚步前进的，从20世纪70年代以来，拉康的著作也在文学理论中加入了一种新的精神分析的结构方法，这种方法关注隐藏在文本中的精神过程。作为结果，文本不再被当成内容的传递载体，而是可由文本自身进行彻查或者"解构"。读者和作者一样被看作对彼此和文本有移情。在其最激进的形式中，这个过程质问了任何文本之于读者和作者在其意义上的区分。

拉康的观念是，性身份认同本身是在孩子出生时被语言世界强加的，这个观念变成了女性主义文学理论发展的焦点。然而，正如甫洛斯（1999）指出的，这种语言决定论产生的问题是看起来把单个的女人（或男人）简化成了一个符码。拉康坚持认为所有的文化都是父权制的，是父亲的法则，是把女人放到了奇怪的、文化之外的位置。

（译者注：同样的问题也存在于激进女权主义者那里，她们认为我们的语言是父权制的产物，于是有学者发问："如果语言是男人发明的，那么男人说话的时候女人在哪里？"换句话说，男人发明语言是为了和谁说话呢？）

精神分析和电影

随着布洛伊尔（Breuer）和弗洛伊德的《癔症研究》的出版，精神分析于1895年出现在维也纳。同年，卢米埃尔兄弟在巴黎放映世界上第一部活动电影（motion picture）。迪奥蒙德和维拉（Diamand，Wyre，1998）推出了《精神分析资讯》（*Psychoanalytic Enquiry*），这是一份论精神分析和电影的专刊。他们指出在一个多世纪的共存中，精神分析和电影都已经深深地与精神现实联系在一起，了解它，反映它，塑造它，电影说的经常是潜意识的语言。精神分析和电影都改变了我们对自己的觉察，并且相互影响。有趣的是，在20世纪70年代，拉康学说的真正影响大部分都是通过电影而不是文学理论造就的，而且电影理论也发展出了明确的拉康词汇。拉娜·穆尔菲（Laura Mulvey，1989）受弗洛伊德和拉康的影响，在20世纪70年代第一个将电影理论转向精神分析视角。

电影制作者已经为有关潜意识的观念和精神分析过程所着迷和被激励，并且已经通过他们的呈现（有时候是错误地呈现）普及了精神分析。而精神分析师这边也被电影所吸引，《国际精神分析杂志》已自1997年开始定期登载出电影评论文章。高博德（Gabbard，1997）作为对这个栏目的客串社论，对不同的精神分析电影评论方法——诸如对观众的分析，对影片制造者的潜意识的反思，对潜在的文化神话学的说明——做了很好的回顾。精神分析师和电影学者建立起创造性的伙伴关系。例如在一个年度的精神分析电影节上的合作，在电影被放映和讨论的场所合作（见第九章）。有兴趣的读者也可以查询穆尔菲和萨布迪尼（Mulvey，Sabbadini，2003）以精神分析的视角来探索欧洲电影的文集。

第八章 精神分析和心理治疗

自从精神分析诞生以来,已经产生了各式各样的、令人眼花缭乱的心理治疗方法,尤其是20世纪70年代以来,出现了一大批多样化的带有标签性质的治疗取向。但仔细推敲就会发现,它们不同的名字常代表非常有限的基本类型里的不同"招牌"。细小的关于理论及技术方面的争论有时会让一个特定的个体离开目前所处的流派,转到一个新的有着不同名字及不同术语的治疗流派(见第四章)。就像下面谈到的认知分析疗法一样,新的流派往往是由某个个体整合不同的取向而创立的。另外,目前现存的流派也在随着时间的推移而不断演化。

我们这一章的目标在于描述以精神分析为基础的一些治疗取向,以及强调某些其他治疗形式的特点。我们不打算谈论其他治疗流派的理论及方法学上的细节问题,已经有很多人做了这方面的工作,比如彼得曼等人(Bateman et al.,2000),德莱登(Dryden,2002)和李斯特福特(Lister-Ford,2007)。我们的意图在于指出每一种流派与精神分析的区别,特别是关于治疗关系的应用的不同之处。

这一章，第一，我们会先简要追溯心理治疗中5种有着广泛影响的传统方法。然后，我们将聚焦于精神分析，看该方法是如何被改良为不那么高强度的个人精神分析心理治疗，又是如何被应用到小组（集体）和社区治疗以及夫妻和家庭治疗中去的。

第二，其中的一个治疗流派——儿童青少年的心理治疗，由于它在英国精神分析舞台上的重要性，我们会更多地来讲述它。第三，我们会挑选少部分其他非精神分析取向的心理治疗，对之做简短的介绍，追溯其传统或各自的来源。最后，我们将简要地谈谈英国的全民医疗服务体系（NHS）里的心理治疗。

主要流派

精神分析性治疗

为了完整性我们把精神分析的治疗列举在这里，但之前我们已经说过这个流派了。精神分析性的治疗不仅运用于精神分析本身，而且还运用于精神分析心理治疗中，后者的治疗频度要低于精神分析。

行为治疗

行为主义的治疗是基于习得理论和巴甫洛夫（Pavlov）、斯金纳（Skinner），华生（Watson）及其他人的研究。英国20世纪50—70年代，严格的行为主义流派达到全盛，它从作为适应不良行为的学习模式角度构建了心理问题的框架。这种模式的观念就是这些适应不良的行为可以经过再训练而得到纠正，遵循经典和操作条件化的守则。在这个理论下，心灵作为一种有用的概念被回避了：如果一套正确的刺激可以产生一套优化的行为反应，那么"黑箱"中进行的事情就不必去特别关注了。

认知行为治疗

近10年来"黑箱"又被重新打开，主观性重新受到重视，人们开始随着探究和尝试对那些通过错误学习而形成的导致抑郁的"认知"进行再教育，将强硬的行为治疗软化为认知-行为治疗。我们会看到，现在，这种方法形成了一股强大的心理治疗浪潮，并宣称这是与精神分析治疗截然不同的一种方法。在英国的临床心理学中，这始终是最有影响力的一种模式，就像它对英国理性主义的吸引力一样，它现在攫住了整个精神健康领域的注意力。

系统疗法

系统疗法既植根于格雷戈里·贝特森（Gregory Bateson）工作中使用的人类学，也植根于生物学和机械学中关于自控系统的研究。当临床医生努力去帮助精神分裂症病人和他们的家庭时，这种方法于20世纪50年代在美国西海岸出现了。系统论经证明是精神分析观念的得力助手，因为它能使问题同时在几种水平上得以研究，这些问题可以存在于内在世界也可以存在于外在世界。

人本主义运动

该运动兴起于20世纪60年代的反权力主义者所倡导的反文化运动。与其他运动一样，它受到女权主义者和反精神病学运动及存在主义哲学的影响。此时开始大行其道的这类治疗被分别描述成存在主义的、人本的、或经验性的，它们优先考虑情感、自我表达和行动，而非思考、分析和理解。它们的支持者遵循时代的基调，倾向于对人类的潜能持一种乐观的看法，轻视其消极性和冲突。人们对精神分析那种缓慢、谨慎的特性、强调反复修通、对界限的关注，以及分析师与病人角色的不对称性失去了耐心。

精神分析心理治疗

个人精神分析心理治疗

这种治疗与精神分析共享相同的基本理论和临床态度。病人与治疗师往往需要有一周1～3次的治疗。这明显更实用，更少花费以及可以降低某些病人对前景产生的不安情绪。然而，这个在某些方式下会很难。当病人会谈次数过多，病人的神经症问题在治疗室中就会出现得更快、更彻底，并且病人会在外界的关系中解除部分负担。这看起来似乎相互矛盾，但是在更长一段时间内，病人在外界生活中会觉得更自由，更少被神经症问题所困扰，在这段时间过后自我无助感会更少。一旦病人进入到治疗过程中，问题会快速地重新出现，所以治疗师和病人能继续工作。每周一次或者两次治疗的病人不一定需要采用躺椅。这意味着分析师可被观察到的外在就变得更重要，而且这也可能会影响移情体验的范围和深度。确实，在这种低强度条件下，病人在治疗之后要为下次访谈等上一周的时间，不太可能促使病人利用躺椅，一起进行非常深的体验。特别在心理脆弱的病人身上可能显得很明显。在没有密集访谈所提供的容器时，他们就需要在外在的现实中有一个稳固的基础，以保障其内在的失衡能够控制在一定的范围内（Lemma，2003）。

心理动力性咨询

本书不可能包括庞大的咨询领域的太多内容，麦克罗德（McLeod，2003）充分地讨论过这些内容。"心理动力性"（psychodynamic）这个词语指的是意识和潜意识的动力性精神力量，这些力量是精神分析所关注的。实际上，每周一次的精神分析性心理治疗与各种被称之为动力性咨询之间存在某种程度的灰色地带，动力性咨询的深度取决于从业者的培训和经验（心理咨询与心理治疗之间的模糊界限可以从英国心理咨询协会最近更名为英国心理咨询和心理治疗协会中可见一斑）。促进动力性咨询发展的一个领导人物为迈克尔·雅各布斯（Michael Jacobs，1999）。

心理动力性咨询师与咨客（咨客这个词通常指的就是病人）

面对面，常常是短程的，但也并不总如此。他们可能聚焦于目前的外在问题，以及寻求解决问题的方式，虽然咨询者也考虑到了移情和反移情，有时也基于此做出解释。心理咨询的培训较之BCP的心理治疗培训，时程短，强度小，典型的持续2～3年，并不总是需要大量的个人治疗。良好的评估常常会告诉特定的咨客他们想要接受的和（或）需要接受的心理咨询或心理治疗的强度和深度，以及心理咨询或心理治疗的转诊在当时是否是最恰当的。现在，家庭医生常常雇用心理咨询师，这些人中有些是动力性取向，有些则为其他取向，如人本主义、认知或整合学派（见下文）。

儿童和青少年心理治疗

儿童和青少年可以像成人一样接受每周1次、2次、3次的治疗，也可以接受每周4次和5次的全分析（见第一章）。治疗的基本原则和使用治疗关系的方式与成人相同，但是设置上有必要进行特定的改进。依据较小的儿童所用的表达方式，游戏与言语应该占相同的比例，所以，咨询室中要配置有益于健康的玩具。父母也是治疗中一个重要的维度，而这在成人治疗中是不需要的，特别是当父母掌控着是否让儿童接受治疗的权力时。在他们的孩子接受治疗的过程中，父母常常被给予了一定形式的支持和讨论，这一工作通常由治疗师的某个同事完成，从而使孩子与治疗师之间的私密关系所受的干扰减到最少。较成人治疗而言，儿童的心理治疗和分析较少直接进行，需要的设置

第八章 精神分析和心理治疗

更为复杂，通常，治疗最好在设置合格的医院进行，而非在私人的心理咨询室中进行。

在英国，儿童精神分析有着悠久的传统，它由三位伟大的精神分析学家所发起，他们是安娜·弗洛伊德，梅兰妮·克莱因和唐纳德·温尼科特（见第二章）。他们中的每个人及他们的团队，开拓了儿童和青少年的精神分析工作，这既提升了关于儿童和青少年的心理治疗研究，同时也对成人的心理研究提供了新的视角。这当中的许多工作都是由精神分析师所完成的，他们不属于英国精神分析学会，而是在全民医疗服务系统和精神病院机构等地方工作。高质量的儿童精神分析培训也有。这些工作没有得到国际精神分析联盟的认证，它们并没有批准儿童精神分析的培训，只有已经得到资格认证的成人精神分析师才能做这个培训。他们中有些人还没有加入英国精神分析学会。然而，他们的治疗是以精神分析为取向的，而且他们在这个领域做出了重大的贡献。

在这一点上有两个特别重要的机构，它们分别是汉普斯特德儿童治疗医院（Hampstead Child Therapy Course and Clinic）（现在的安娜·弗洛伊德中心，是一个精神病院机构：见第三章和第七章）以及塔维斯托克医院（Tavistock Clinic）（现在的塔维斯托克和波特曼 NHS 信托基金会：见第七章）。尽管这两所诊所有非常不同的精神分析的发展和教学的传统（前者是安娜·弗洛伊德派，后者是克莱因派），但是来自于这两个机构的治疗师们合作成立了一个专业组织——儿童心理治疗师协会（Association of

Child Psychotherapists，ACP)。这个协会起监督、管理儿童和青少年心理治疗的专业以及教育培训事宜。许多来自英国内外的学生来到这两所机构学习,这使得两所机构的观点和实践广为传播,而且在海外也建立了新的培训课程。安娜·弗洛伊德派对北美的心理治疗有特殊影响,而塔维斯托克派对拉美和意大利的心理治疗有特殊影响。二者对澳大利亚的心理治疗都有影响。还有一个机构值得特别关注,尽管它不是一个正式的培训组织,它就是布伦特青少年中心(Brent Adolescent Centre)。这是一个很小的精神病院,它对有心理障碍的青少年所作的精神分析,有着重要的开创性(见 Laufer & Laufer,1984)。

目前有五个 ACP 管理的英国儿童心理治疗师的培训工作,三个在伦敦,伯明翰和爱丁堡各有一个。最近几年,NHS 对学员参与这些课程提供了培训基金:2010 年整个英国差不多已经有 40 所这样的机构。同年,在英国儿童心理治疗师协会有 605 个成员,73 名海外成员以及 163 名学生成员。

作为精神分析师或精神分析心理治疗师培训的一部分,婴儿观察实践为儿童心理治疗做出了自己的贡献。这种方法主要用于今天的精神分析培训。它是由塔维斯托克诊所的爱斯特·贝克(Bick,1964)特别发展而来的。学生们每周用一个小时的时间观察一个孩子和他的母亲在家里的表现,然后详细地记录所观察到的东西,包括学生自己的感受和反应。大家会在每周的会议上讨论自己的记录。就像看着婴儿的成长一样,学生们要学会放下自己的价值观和观点来观察,并学会处理自己的情绪反应,他们的情绪反应对孩子的情绪和母婴关系可能有微弱的也可能有强有力的作用。这对于一个精神分析师是很有帮助的，这些工作的核心是，无意识的婴儿交流对分析师的影响及其方式。那些儿童心理治疗培训工作需要对婴儿生命的头两年进行观察，而成人的精神分析（以及成人精神分析的心理治疗培训）只需要对婴儿进行一年的观察。

儿童和青少年的心理治疗，不同于成人的心理治疗，它是由NHS专业组织的。儿童和青少年的心理治疗经常作为儿童和青少年的心理健康服务的多学科团队中的一部分。而且在许多其他的设置中，治疗师还会与儿童、家庭以及儿童健康保护方面的专业人员一起工作。在许多领域中，他们做出了相当大的贡献，少数有分量的专家启动了政府资助的儿童心理治疗服务的项目（Rustin，2010）。其中一个领域就是对收养儿童的研究，这些儿童在收养前有严重的剥夺感和创伤。另一个领域就是对自闭症儿童以及有某种程度学习障碍的儿童的研究。弗兰西斯·塔斯汀（1913—1943）（Frances Tustin，1972、1981、1986、1990；Spensley，1995）对自闭症儿童的精神分析研究工作有重要贡献。

在这本小册子中，我们无法评判关于儿童和青少年的精神分析以及精神分析心理治疗。有兴趣的读者可以从安德森和达廷顿（Anderson & Dartington，1998），哈利（Hurry，1998），兰亚铎和霍恩（Lanyardo & Horne，1999），拉斯廷等人（Rustin et al.，1997）以及沃德尔（Waddell，2002）那里了解更多。

父母－婴儿心理治疗

父母－婴儿心理治疗师们（可能是成人或儿童心理治疗师）在室内与婴儿及其主要的照料者一起工作。其目的是在适应不良的关系类型在实际关系中或是婴儿内在关系模式中固定下来之前，捕捉到这种关系类型的形成过程。像第六章描述的那样，研究表明两者都可以通过主要的依恋关系这一媒介，导致创伤的代际转移。而且儿童早期的关系模式会影响婴儿大脑的发育。所以婴儿期是一个重要且值得花费时间来干预的时期（Baradon et al.，2005；Baradon，2010）。父母想把最好的给他们的孩子，而且在孩子的婴儿期，对能使孩子变得更好的干预父母总是持开放的和乐于接受的态度。父母会使用来自于精神分析心理治疗以及心理化基础的心理治疗的技术方法。婴儿心理治疗师会给父母（通常是母亲）展示关于她自己以及她和婴儿互动的简短的影像片段，来帮助她纠正关于婴儿的消极的态度和不合理的理解。有些 NHS 会提供这种治疗，在伦敦的安娜·弗洛伊德中心的精神病院它尤其有所发展。

小组分析性心理治疗

小组分析主要起源于二次世界大战期间对士兵精神康复的试验。三个关键人物为威尔弗雷德·比昂（Wilfred Bion）、福克斯（S.H.Foulkes）、汤姆·梅恩（Tom Main），他们每一个人都从特别的角度对小组的分析性研究做出了贡献。个人精神分析原则被调整以适应小组中性的、规律的、有时间限制的空间，并在最大程度上保持成员的连续性。同个人分析治疗一样，允许非结构性讨论，而不是事先制订计划。如大家所知，治疗师作为一个"引导者"或"小组分析师"，和在个人分析中一样，起到的是参与性的"观察者"的作用，帮助小组了解咨询室中正在发生什么，特别是那些被隐藏着的、未表达的内容。

比昂（Bion，1961）描述了小组作为一个整体与自己及与领导者的关联方式。他提出**基本假设**：小组作为一个整体的潜意识防御是为了对抗焦虑，而不是像**工作小组**那样的一个创造性的团队运作状态。福克斯（Foulkes & Anthony，1973）则更倾向于成员之间，以及成员对引导者的矩阵。两位思想家的小组工作模式截然不同，现在，分析性小组常常将这两种观点加以整合。

第三个关键人物汤姆·梅恩（Main，1989）将精神分析性思维运用到**治疗性社区**（therapeutic community）治疗中，在治疗性社区中，个人会被帮助了解他们自己以及他们各自在社区里的人际关系。梅恩在萨里（Surrey），里士满（Richmond）的卡斯尔医院（Cassel）里工作，是 NHS 的治疗设置，在这样一个治疗环境中，住院工作的一个重要特征就是可以注意到工作人员之间的关系。工作人员观点上的分歧和差别将得到分析，这有助于工作人员理解病人自身以及病人之间精神上所存在的差异。这种对协同工作人员之间关系的分析同样可被用来对**动力性夫妻治疗**或者**家庭治疗**中的夫妻或家庭成员进行分析。

心理化基础的治疗

心理化基础的治疗（Mentalization-based therapy，MBT）是心理动力治疗法的一种形式，它是由彼得·福纳吉（Peter Fonagy）和安东尼·彼得曼（Anthony Bateman）（Fonagy & Bateman，2006；Bateman & Fonagy，2008）建立和发展的。它适用于边缘型人格障碍的病人（Bateman & Fonagy，2004b），这些病人的依恋是无序的，并且不能在依恋背景下发展心理化能力（见第二章）。福纳吉和彼得曼把心理化描述为我们含蓄地和明确地把我们及他人的行为在有意的心理状态的基础上赋予意义的过程。该疗法关注于帮助个体或团体中的病人，使其反思他所感受及思考到的东西，反思并相信别人在感受及思考的东西，反思并相信别人是怎么想他所感受及思考到的东西。治疗的目标就是使病人提升心理化能力，这能改善病人的情感管理和人际关系。

分析心理学（荣格学派分析）

1913年，荣格与弗洛伊德决裂（见第三章），精神分析和分析性心理学研究机构和培训从此分开来发展，虽然如此，最近的数年，两者的关系在理论和临床上均有改善。许多荣格学派的分析师，特别是那些在伦敦分析心理学会（Society of Analytical Psychology，SAP）受过培训的人，与精神分析学派的同事们对病人和受训者高强度工作的重要性有一致的认可。SAP的培训在深度和强度上类似于精神分析研究所的培训。类似于精神分析师，荣格学派的分析师也常利用移情和反移情，虽然其理论和概念可能不尽相同。荣格学派的分析观点和精神分析观点在很多大学机构同时展现，例如艾塞克斯（Essex）大学精神分析研究中心，这里既有荣格学派的教授也有弗洛伊德学派的教授。

在这里，我们当然不可能对荣格分析心理学这一重要领域做出评判。相反，有兴趣的读者可以通过看卡布雷和卡特（Cambary & Carter，2004），维纳（Wiener，2009）和斯特因（Stein，2010）的文章来对荣格学派目前在理论和实践上的观点做进一步的了解。最后，通过克罗曼（Colman，2010）的一个详细的案例研究，我们可以知道目前有多少荣格学派的分析师。

非精神分析心理治疗方法

认知行为治疗（CBT, Cognitive Behaviour Therapy）

CBT 由阿伦·贝克（Aaron Beck，b，1921）发展而来。贝克于20世纪50年代在费城接受过自我心理学流派精神分析师的培训（见第三章），但最终他对长程的治疗失去了耐心，他看到了精神分析不聚焦的天然性（Milton，2001）。贝克最终完全避开了潜意识过程的概念，他把注意力放在精神中的意识和理性力量的层面。CBT 在行为学派中有另一个根源，但是究其本身而言，它对最原始的、严格的行为治疗模式施加了重要的富有人性的和深入的影响力。

与精神分析聚焦于探索投射的自由联想相反，CBT 的治疗师承担了合作性的指导者或者训练者的角色。CBT访谈是积极结构化的,它强调目标的设置、规划以及安排实验来检验病人的信念。传统CBT中治疗师训练病人抓住、挑战自动负性思维,这些自动负性思维维持着抑郁、或其他自我挫败(self-defeating)的情绪和行为。治疗师帮助病人将主诉范围缩小到具体的负性认知,它能引出可被执行的试验性任务,得出可被监测的结果。因而病人可能被揭示出一个导致抑郁的核心信念(或者图式),例如他不令人感兴趣或者不被喜爱。这些内容被认为产生了某些负面的日常想法例如"没有人想和我交谈"以及"其他人在生活中都比我幸运"。这样的信念可以在访谈中通过一种苏格拉底式的讨论被检验出来,然后用治疗之外的"家庭作业"来矫正(Beck et al., 1979)。

这与精神分析师是相反的,如果精神分析师发现自己做得太强烈或者过于执着,例如努力说服病人用逻辑思考的方式,或者积极鼓励新的行为,他们可能要停下来弄清楚自己和病人正在扮演什么样的角色。这种情况下,关于病人的不妥协,可能有一些内容很难被展现出来,在移情和反移情中可能有些什么内容正在被付诸行动。这种情况的一个例子就是第一章中的马克,他计划得到一份工作,接下来又退回到消极被动中,让他的分析师干着急,分析师变得过于积极,最后给出一些无用的"合理"思考和行动的建议。精神分析师从根本上来说不是一个训练者,而是一个有参与性的观察者,要试着去理解互动的整体性,关于与过程相关的互动和与内容相关的互动,分析师的关注应该一样多。

第八章 精神分析和心理治疗

为应对病人遇到的困难，认知行为疗法在最近几十年得到演化和发展。玛赛尔（Mansell，2008）把我们所处的过程称为认知行为疗法的"第三次浪潮"，在这个时期更多经典的认知行为疗法被混合了多种理论和哲学取向的折中的认知疗法所伴随。凯（Kaye，2008）发现过多地强调症状的改善引起了病人的防御和阻抗。她发现病人的症状、症状行为和想法的联系都是有功能的；它们甚至还是个体感知自己的核心。把它们看成简单的需要消除的功能失调是行不通的。我们现在把这些认知行为疗法称作"接受和承诺疗法"（acceptance and commitment therapy，ACT）和"正念认知行为疗法"（mindfulness based cognitive behaviour therapy，MCBT）。关于 ACT，凯解释道，"它寻求阻碍聚焦回避体验的应对机制、并激发与被认为是消极的个人体验保持联系的意愿"。关于 MCBT，她把它描述为"一种使用意识训练的体验过程，强调发展一种非评判的、好奇的、接受态度以及结构化的程序"（2008：175）。

那些关于治疗的发现（或者说重新发现）以及 CBT 为应对这些发现而不得不对自身方式做出的修改，激起了人们的好奇心，但并没有改变无意识（Shedler，2010）的内容。另外，在 CBT 中，尽管在病人和治疗师之间我们经常强调合作和力量共享，扰乱治疗进程的移情和反移情现象还是不自觉地出现并被一再发现。早在1990年，贝克等人就写过当治疗人格障碍的病人遇到这样的困难时，建议并用理性和解释来消除这些现象。贝克甚至建议那些体验到他们病人的消极想法的治疗师应该把他们自己的消极想法用日记记下来，这样他们就能检查并挑战自己。

随着CBT的系统性和复杂性的深化，治疗频次已经超越了原来的10～20次治疗，这其中的一个重要考虑就是CBT治疗师的培训。早期接受精神分析培训的从业者如贝克，他自己确定他们已经是有经验的聪明的临床从业者，但是他们早期的追随者的培训则更多的是学习一种模式。随着CBT的演化，我们更强调忍受痛苦和困难的心理状态，而不是采用积极的方式来改变他们，治疗师需要更成熟、更智慧。这产生了一些问题，例如治疗师需要个人治疗，这也在CBT的圈子里展开了讨论。

在20世纪末和21世纪初的英国，CBT快速流行起来，这是一条充满激情的道路。在这个过程中，英国政府采用了经济学家利雅得（Layard，2005）关于快乐的观点，利雅得提倡使用更多的CBT来解决目前社会的病态问题。但不幸的是，因为新投入的资金不足，心理治疗改善计划（Improving Access to Psychological Therapies，IAPT）似乎会导致许多在初级和次级保健系统中原本就存在的非CBT的NHS治疗和咨询服务土崩瓦解。因此，有丰富临床经验的现有从业者经常被新培养的往往是年轻的CBT从业者所取代。这些年轻的从业者毫无疑问缺乏临床经验和生活阅历。

认知分析心理治疗（CAT，Cognitive Analytic Psychotherapy）

许多折中和整合的心理治疗将有用的方法和技术结合起来，希望得到更好的结果。认知分析治疗（CAT: Ryle，2002；

Mccormick，2008）将认知和精神分析方法结合起来，也有凯莉（Kelly）个人构建理论的重要输入。这种疗法包括典型的16周疗法，其中的"三再"分别是"再构建、再认知、再修正"。在治疗的一开始治疗师就会给来访者一些阅读材料，并在治疗的早期双方针对来访者所谓的"两难困境、陷阱和障碍"采用写作和图表的形式对问题的形成达成一致。接下来双方共同讨论来访者问题的演变情况以及其习惯性的问题解决机制的无效性如何使得问题变得更加糟糕。CAT常常设家庭作业。像CBT一样CAT强调改善症状或帮助病人获得新技能。有时也会采用心理动力治疗的思想，治疗师和病人会讨论无意识的影响因素，关注到治疗关系中所表现出来的困难。

与精神分析治疗相比，由于这种方法的治疗师更积极、采取的是和训练者更接近的态度，所以它一开始就更容易被病人和治疗师所接受。然而，也正由于治疗师扮演的是这种角色而不是尽力保持中立，加上这种方法很简洁，这对于修通所出现的移情会产生局限。总的来说这些因素使得CAT更容易被病人和治疗师所接受，使他们觉得威胁更少（Milton，2001）。

系统家庭心理治疗

系统理论于20世纪50年代从几种来源的整合中浮现出来：首先是由人类学家格雷戈里·贝特森（Gregory Bateson）在20世纪50—60年代进行的以加利福尼亚为基地的关于交流的研究；其次，冯·贝塔朗菲（Von Bertalanffy）的一般系统论；及最后的控制论、自我调控系统研究。人类被看作存在于一系列的开放系统中,这些系统彼此不同但又相互渗透。例如,个人是母亲－孩子系统中的一部分,母亲－孩子系统本身又是一个更大家庭系统中的一部分,它又依次是进一步相互重叠向心的系统例如家庭、学校、邻居、村镇等系统中的一部分。以系统的术语来思考,一个焦虑或者有创伤的孩子可能显示了家庭系统中某些方面的问题,例如父母关系中的问题。或者在一个更高的系统水平,在一个国家中增长的失业现象可能导致更多的人变得抑郁。

系统理论产生了治疗方法,特别是家庭治疗的方法。在儿童和青少年精神健康服务(child and adolescent mental health services,CAMHS)中,会很常规地给有情绪障碍或者行为障碍的孩子们提供家庭治疗。家庭会被邀请一起进行一系列的访谈,通常在数月内每几周就诊一次。他们常被两个治疗师,或者一个治疗师和一个位于单面玻璃后面的反馈小组所观察。治疗师鼓励家庭成员思考他们彼此承担的角色,和作为一个家庭整体面对的问题。有时在家庭访谈中,两个治疗师可能会彼此交谈,让访谈家庭观察他们的谈话,在交谈中他们要讨论对这个家庭的观察和想法。有时屏幕后的小组可以让访谈暂停下来,思考观察。通过这些方式,不同的观点以及对它们的深入思考可以使家庭重塑。

在精神分析和动力性心理治疗中,家庭关系常被讨论但是主要的兴趣是在个人的内在关系里(见第一章),它可能会影响家庭关系被体验和表达的方式。相比之下，系统家庭治疗关注的核心内容是家庭系统中人们相互之间关系的运作。这两种治疗相同的是参与者被要求要观察他们自己且要反省；但是家庭治疗不像精神分析性心理治疗，家庭和治疗师之间的关系通常不是关注的首要焦点。但是，一些家庭治疗师对治疗关系更感兴趣（如 Scharff & Scharff，1987），最近在家庭治疗著作中也出现了一些对移情和反移情的关注（如 Flaskas，2002）。

每一个人都是家庭和社会系统的一部分，特别对儿童而言，情感障碍可能既与家庭矩阵也与儿童自己的内在状态有关。每个部分的作用大小因人而异，有时只有反复试验才会弄清其相应的作用。如前所述，在对儿童做个人动力性治疗的时候，也需要同时对父母做访谈，至少，需要（对父母）做不定时的访谈。有时，帮助作为整体的家庭，为孩子提供家庭治疗而不是个人治疗，孩子的压迫情绪当时很快就可得以缓解。另外，对 NHS 而言，这常是一种花费更少的选择。有的时候，在父母允许为孩子进行个人动力性治疗之前，不论是孩子还是父母，对彼此之间反复的纠缠进行一段时间的家庭治疗是必要的。这是具备多学科精神的健康服务团队的优势之一，也只有 CAMHS 才有这样做的可能。

> 杰克·B，14 岁，（家里）唯一的一个孩子，转诊原因为学业不良、父母对他在家中的冲动行为疲于应付。这个家庭同意参加家庭访谈，为期 9 个月，一共 10 次。

> 从访谈开始，父母之间的紧张和敌意就显而易见，治疗师强烈地体验到杰克所承受的交流方式及其压力。杰克生动地谈到他被推往不同的方向，他谈到有时真想离开家，走得远远的，以摆脱这一切，只是他缺乏勇气。杰克和他的妈妈在访谈中仿佛是一对夫妻，而B先生摆着一副权威的姿态，但明显让人觉得是被排斥在外的。在夫妻治疗中，B先生和B夫人不愿意解决他们之间的问题，但逐渐地，在家庭访谈中，他们似乎比较能够进行直接的交谈，并且能够去想到保护杰克免受他们当前分歧的伤害。
>
> 一段家庭治疗之后，杰克开始考虑接受个人的分析性治疗，以帮助他解决长期的情感障碍，这个障碍在相当程度上影响他的学校生活及与同龄人的关系。对他来说，家庭访谈最重要的方面之一似乎是信号，让他明白他的问题不仅仅是他的"过错"。在临近家庭访谈结束的时候，他终于能明确表达出这一点，这一事实似乎能更好地帮助他充分地从家庭中分离出来以接受给予他个人的治疗。

系统思维也被用来补充小组现象研究中的动力性内容。两种方法的有益联姻被用在机构顾问中，正如我们在第七章所看到的。

以人为中心的治疗

卡尔·罗杰斯（Carl Rogers，1902—1987），美国心理学家，建立了目前众所周知的以人为中心的心理咨询/心理治疗方法。它基于折中方法和人本主义运动，人本治疗师与精神分析师有许多相同点：他们都把治疗关系视为改变的重要工具，强调治疗师需要调和性，而非判定性和移情，提供一个有界限但实际上没有结构的设置，在该设置中，病人提供了他自己的观点，而不是遵循任何设定的议程。然而与精神分析师的不同之处在于，人本主义治疗师不使用移情、反移情作为理解病人的中心资源，他们也不过多提及心理的潜意识方面。他们以人人平等的治疗关系为目标，基于此，他们通常称自己为咨询师而非心理治疗师，将与他们一起工作的人称为咨客而非病人（Thorne，2002）。

人本主义运动强调每个人都存在追求结构上的自我完善的潜力，这些潜力却都被从幼年起就来自其他人的责备和有条件的爱所阻遏。人际关系中的经历既有伤害作用，又有治疗作用，治疗师旨在提供一个真诚的、无条件的正性关系，它可使咨客的潜力充分伸展，就像从黑暗、阴冷的环境中转移到温暖光亮的环境中的植物。正如托恩（Thorne）所言，人本主义治疗师"在与咨客关系方面（让自己）充分自由地投入，对这一点不会有所迟疑……，如果合适，他们将会揭示自己的力量和弱点"（2002：141）。

然而，如托恩所评论，尽管人本主义治疗能帮助各类咨客呈现各种困难和担心，但可能它的最大获益者还是那些能够合理地调整生活的人。引用托恩的话语：

> 那些想获益于人本主义治疗的咨客是那些有强烈的动机去正视痛苦的情感、并想彻底改变的人。他们做好了承担感情风险的准备，尽管害怕亲近，但他们仍愿意尝试信任（2002：142）。

格式塔治疗

格式塔治疗是由弗里茨·佩尔斯（FritZ Perls）与劳拉·佩尔斯（Laura Perls）所创立，他们都有一些在德国接受精神分析培训的背景，代表了两次世界大战间期兴盛起来的先锋派部分。除了格式塔心理学，他们还涉足存在哲学与实验戏剧。因此，在20世纪的30年代，他们又被冠名为左翼激进派，不得不因躲避纳粹而逃亡。已在纽约立足的弗里茨·佩尔斯后移至加利福尼亚激进的伊萨伦（Esalen）学院，他的新方法作为20世纪60年代人本主义治疗反文化的一部分最终流行开来。佩尔斯在小组里鼓励病人拓展他们自己的存在感，（以治疗他们分裂的"格式塔"结构或整体），其中还使用不同的训练和游戏。在早期格式塔治疗中，侧重点放在体验、面对面的小组技术，有时也用马拉松小组形式，它用紧张的形式缓解情感。参与者的防御会受到挑战和洞破，结果或者使病人自由，或者使病人不安，它强调的是此时此地的情感经历，而非言语的理解和与过去经历的联系。早期格式塔治疗师是一个导演/领导者，它或许能像古鲁那样以慈善的方式而变得理想化。（译者注：古鲁，guru，宗教术语，本意指印度教中的个人导师，有些类似于藏传佛教中的上师，后来用此语泛指具有宗教色彩的领袖。）

多年过去，格式塔治疗已成熟，发展成为对抗性较少和充满慈悲的治疗方法（Parlett & Hemming，2002）。现在它经常是以长期的、以个人为基础的、非紧张性的、面对面的形式进行治疗。关于治疗场景有许多地方与精神分析不同，当治疗师认为自己的东西有用时，会经常去呈现它们，使用积极的方式，包括偶尔与病人身体的接触。而与精神分析一样的是，它强调此时此地的感受，然而治疗师的透明和主动并不意味着他是给病人提供一个潜在的移情形象，而只是和病人保持平行，在关系中一起观看"那里"的困难。

"对称"方法：辅助咨询和自助

一些治疗模式试着谨慎地减少或者消除治疗师和病人之间的不平衡，试图废止知识渊博的、强有力的治疗师来治疗一个"贫困的"病人这样的概念。这样的行动部分植根于反权威人本主义运动，而其实它已经被更早期的精神分析工作预见到了。弗洛伊德天才的追随者桑多·费伦齐（Sandor Ferenczi，1873—1933）早在20世纪20年代就曾以向他的病人揭示他自己的思想和情感这样的方式来做试验，甚至试着"相互分析"（见 Dupont，1995）。这种方法的局限性显而易见，主流的精神分析为了追求更深入地理解移情治疗工作而放弃了这项试验。尽管分析性关系高度不对称，但这没什么，它的目标始终是为了恢复病人的自主权。分析的不对称性和移情工作的优势之一是它能够使病人注意到生活中不可避免的不对称和不平衡，特别是在与父母的关系中。

在大家所知道的共同咨询活动中没有指定的治疗师或者病人，而是两个参与者以对称的方式一起来彼此帮助。类似的，自助小组仅由有着共同问题的成员组成，故意不安排领导者或者专家治疗师。最为有名和最成功的例子就是戒酒者匿名会（Alcoholics Anonymous）。和有着相同痛苦的人见面很令人安慰也很鼓舞人心，特别是见到彼此给予希望和建议及通过自身康复给出建设性支持的难友们更是如此。

再养育方法（re-parenting）

这种方法的出发点为，假设病人的问题本质上是不良养育的结果，它可以在成年后被纠正。莱恩（Ronald Laing）在20世纪的60年代，起初作为一名精神分析师，完成了一些代表着英国反精神病学和人本主义运动的试验。在这些治疗性试验中，最著名的例子是玛丽·巴尼斯，她是约瑟夫·伯克（Barnes & Berke, 1973）在治疗社区金斯利会所（Kingsley Hall）治疗的一个病人。玛丽被鼓励在躯体和精神上退行到婴儿状态，然后"再生"去体验全面的照料。

这种治疗精神病的方法大部分被证明是令人失望的，而不再被认为是适当的或者道德的。但是，再养育或者提供一个"矫正的情感体验"的理论在一些折中方法中的应用仍持续存在。这种情况下的治疗师变成一个非常具有指导性而权威的人，把自己扮演成一个理想的父母，接受来自病人的强烈的理想化和其他婴儿般的原始感受。

由于超越分析性设置以及所提供的环境过于舒适安全，分析师们多年提供具体养育体验的试验基本上得出了相同的结论：

病人自主性方面的东西被牺牲掉了，病人甚至可能退行到十分危险和无助的状态中去。假设有人——特别当这个人是治疗师时——可以为一个不再是儿童的成人行使其真实父母的工作的话，他自己就必须处于无所不能之中。分析情景与许多其他治疗情景一样，鼓励病人进行婴儿模式的暴露和表达，但很重要的一点就是不要放弃治疗师父母功能的象征天性。如果病人本身已经丧失对移情对象的象征天性的接触，治疗就会变得十分困难，这时，分析师或者治疗师坚持维持一个现实观点就尤为关键。

神秘治疗或崇拜

最后，我们要注意权欲者所谓的"治疗"，也许说成是狂热或者类似于宗教的教派（邪教）更为恰当。使用暗示性技术，例如催眠术，或伴随着高度理想化移情的刻意培养。领导者（通常）称自己为强有力的权威，要求得到追随者的服从和信仰，而追随者则通过放弃他们的自主权服从特定的规定从而被"治愈"。如此的崇拜对脆弱而迷失的人具有极大的号召力和危险性，不用说，出现严重的虐待和剥削的潜在可能性都很大。性剥削（sexual exploitation）在这种情形下非常容易出现，甚至，在极端的情况下，它将成为"治疗"的一部分。

精神分析的设置中经常会包含这种婴儿或儿童式的联系模式，但正如辛斯伍德（Hinshelwood，1997）在他的文章《治疗还是强迫？精神分析不同于洗脑》里所中肯指出的那样：这样的设置最终是服务于发展更大的自主性。分析师的目标是帮助病人修通或超越婴儿式的依赖模式，最终分析师会放下他的带着重大责任的有力位置。相反，洗脑的目的是让病人的意识持续地处于分散、碎片的状态。

精神分析疗法与非精神分析疗法的比较

分析性的立场和对移情的使用是精神分析的核心特征，使得精神分析区别于其他非分析性治疗。分析性立场很难维持，部分因为其社交方式与直觉相对抗。正如我们在第一章所看到的，分析师不得不把握一定的紧张度，不断地思考和观察，而非很快让事情变得轻松。分析师要克制自己自动的社会性反应，例如分享共同的个人经历、变得专断或比较公开地去安慰别人，相对中立的分析师会点燃病人问题关系模式的导火索。如果他或者她迫于压力臣服于社会的习俗，就可能被体验为一个歪曲了的移情对象。相反，如果让张力产生，并被理解，病人便能得到一个去发现新的、更现实的事实性画面的机会。

与此不同的是，许多其他心理治疗方法有意将更社会化的规则作为其基本立场，因此，很容易被辨认出这种形式是通常的熟悉的关系的延伸，如老师、父母或朋友，这样，一些非分析性方法让人感到很容易被接受，不会使他们胆怯。跟其他的治疗情景一样，移情性扭曲和反移情压力迟早会发生，并且有时会阻碍有效的治疗。非分析性心理治疗师有时或许十分了解移情与反移情，并把这些因素考虑在内，但没有像精神分析师那样对之做出直接的、以此为中心的应用。

NHS 中的心理治疗

近年来，研究和公共偏爱使得 NHS 提供的"谈话治疗"在英国有一定的复苏。费用是核心问题，它的重点是给尽可能多的人提供少量治疗。认知行为治疗（CBT）逐渐成为其主导模式，所有的临床心理学家都学习了它的治疗技术。2008 年，英国政府开始实行一个名叫心理治疗改善计划（IAPT）的大项目。其中有两种强度的训练和治疗。低强度工作者，那些还没成为卫生专业人员的毕业生，他们接受相对简短的培训，任何时候，只要他们能与那些一年可以接 175～250 名病人的工作者一起在高负荷的环境下负责 45 个案例就行。这种疗法采取"观望式等待"的形式，指导病人自助（可以通过电话）或者进行简单的面对面心理干预（最多 7 次治疗），也包括指导病人使用网络化的 CBT。高强度训练颁发证书，其接受者有资格成为英国行为认知心理治疗协会（British Association of Behavioural and Cognitive Psychothrapies，BABCP）的成员。他们最多提供 20 次的认知行为治疗，运用认知行为疗法的方案应对像抑郁症这种具体的疾病。

为遭受心理痛苦的人提供心理支持的任何投资都是受欢迎的。但读者需要明白的是，病人从这稀薄的输入中收获甚微。动力取向的心理治疗，无论是针对成人、儿童或是青少年的，无论是个人的还是小组的，在 NHS 都是供不应求的。虽然伦敦居民较其他地区的人有更多的机会得到这种治疗，但是即使是在伦敦，这种机会也十分有限，且需要排很长的队才能轮到。当轮到这种机会时，通常是一年内每周一次，有的甚至持续不到一年，这就限制了能做的工作。在 NHS 中的病人为了获得这样匮乏而昂贵的资源不得不遭受很多困难，更多时候是在本地区找不到这样的机构。通常，接受这种疗法的病人在生活的许多方面均存在问题。例如，人际关系、工作、教养的问题，可能有严重的自伤和自杀的企图。在处理冲动和情感方面有问题的人群通常在儿童时期就遭受过虐待和创伤。他们的痛苦严重且持续时间长，对标准精神科的治疗反应也不好，但令人感到鼓舞的是，现在有研究表明精神分析的治疗对之有效（见第六章）。理想状态就是，他们中的有些人接受 IAPT 治疗后依然有障碍，这时能得到更长时程的心理动力性治疗。

　　精神分析的心理治疗在 NHS 中的位置非常复杂。除了儿童和青少年心理治疗之外，NHS 中没有一个真正的职业可被称为心理治疗。然而，当国家进行调控使得心理治疗成为一个职业后（见第九章），这种局面可能会好转。实际上，心理治疗是许多专业的从业者都可以实施的活动，只要他们接受过专业培训。通常在 NHS 的医院或者在健康权威机构中，心理治疗单元是精神病学部的一部分，他们的工作是接受心理治疗师的指导，这个心理治疗师是接受过特别培训的精神病学家。这些单元有时提供一些最低限度的精神分析性的治疗。心理学系也把进行心理治疗作为他们的主要功能之一，但是，他们很可能更多地提供认知、

第八章　精神分析和心理治疗

行为或者折中主义的治疗而非精神分析性心理治疗。

其他可能经过培训成为精神分析取向的心理治疗师的卫生专业人士包括临床心理学家、社工、护士。通常，这些人士会接受NHS以外机构的精神分析培训，只有很少的一部分人接受精神分析研究所的精神分析培训。这种专业培训绝大部分是从业者自费进行的。位于伦敦北部的塔维斯托克诊所是专业的NHS机构，提供精神分析性心理治疗（也提供成人和儿童的系统家庭治疗）。塔维斯托克诊所可以在NHS中为精神病学家、心理学家、社工、护士提供深入的精神分析性心理治疗培训，是少数几个具有这种功能的机构之一。该机构也提供面向不同专业的许多课程，使他们在工作中有动力性或者系统性的观点。一部BBC电视记录片介绍了塔维斯托克的工作，并为这部记录片附了一部书（Taylor，1999），该片于1999年被搬上荧幕（更多细节见九章结尾处"塔维斯托克中心"）。

最近几年大家都承认，那些被确诊为边缘性人格障碍的病人（典型表现是因缺乏思考自己及他人的感受的能力而在情绪和行为管理上有困难的病人，见第六章）在心理健康服务机构体验着糟糕的服务。除了少数几个机构，尤其是卡塞尔和海德森医院，他们会提供使用精神分析治疗框架的住院治疗环境，这些受困扰的人几乎得不到有效的帮助。现在国家医疗质量标准署（NICE，见第九章）2009年的指导方针明确要求，符合这样诊断的患者不得使用短期干预（少于三个月的），他们需要有明确和整合取向的结构化治疗，约每周两次的治疗。临床中，NHS已经建立了特别的单元来提供心理化基础的治疗（MBT，如上）。通常，这些部门提供一年或18个月之内每周二天或更多天的治疗服务，并且包括团体和个体治疗。

最后值得一提的就是，司法精神病学对精神分析的兴趣，它可以为精神病机构内外的罪犯（或关心罪犯的人）提供帮助，来解释罪犯们被剥夺的人生和越轨的行为模式。最近几年，在更高的精神病专家培训中（那里有关于司法精神病学和心理治疗的单独培训），有一些岗位培训特别设置了双重资格认证。伦敦的波特曼诊所（现在是塔维斯托克和波特曼NHS信托基金会的一部分）在研究包括罪犯在内的性变态的精神分析方面，有悠久的历史。

在NHS中，精神分析心理治疗协会（Association for Psychoanalytic Psychotherapy，APP）作为一个有着特别的兴趣和压力的小组于1981年成立，旨在促进精神分析取向的心理治疗在公共卫生部门的应用。APP现在有许多分部（例如，普通精神部、临床部、儿童家庭部、护理部），也有自己出版的杂志如《精神分析心理治疗》（*Psychoanalytic Psychotherapy*）。APP也举行讲座和会议，处理教育委托事务。

第九章 职业化：组织、交流和管理

这一章里会讲到精神分析职业化的发展历程。着重介绍几个组织机构，这些组织机构的建立发展就是要保证临床精神分析的实践是在专业、安全与合乎伦理法则的环境中进行的。在本章的结尾，我们列出了有用的机构。

正如第四章所描述的，精神分析从维也纳散播到许多国家和文化中。这也意味着需要建立机构，使得受训者和学生能够彼此交流和互相学习，这样也就有了相应的标准培训监督和管理。国际精神分析联盟（如下）（International Pschoanalytic Association, IPA）就是一个精神分析国际管理实体。

传统意义上专业的标志是自我管理，专业实体负责管理准入、被认证的标准、规范的行为准则。但是基本上每个国家在20世纪后期，所有关于人类健康的专业都越来越被重视，特别是涉及潜在弱势来访者或是病人的群体。有越来越多的专业监管涉入，精神分析师也未能幸免，被要求参与被监督或被监管过程。尽管IPA有国际专业实体，但精神分析师还需要参与其他各种国家监管过程。

另一个结构和职业化的问题是付费。在很多国家有社会医保体系，精神分析师可能属于也可能不属于其中。比如在德国和荷兰，根据保险的不同，精神分析师是可以获得一定小时数的费用的。但这个看起来很吸引人的项目，需要以向付费的第三方出具书面的治疗汇报为前提，可这本身就违背了精神分析的伦理基础。在英国，尽管有限的一部分精神分析性治疗被纳入全民医疗服务体系（National Health Service，NHS），可是精神分析一直是在NHS之外的。这样可以让精神分析师不用为了满足第三方的条件而工作，但也意味着，如果要加强对不够富裕的患者的治疗，大部分的治疗师需要采用弹性的收费。在伦敦，以及其他的欧洲城市，许多精神分析师免费治疗那些付不起钱的患者，由于这个传统而成立了许多低收费的精神分析诊所（如以下伦敦精神分析治疗中所介绍的）。

当然收费问题和管理问题是有某种程度的关联性的。比如，在英国，有一个所谓国家医疗质量标准署（National Institute of Clinical Excellence，NICE）的法定机构负责对结果研究、医药手术及心理治疗的费用进行评估，决定谁可以接受NHS的资助。如我们在第六章所描述的，这些外在程序，也是为什么精神分析师，特别是精神分析的心理治疗师需要参与结果研究的原因。然而随着专业监管逐渐加强，任何一个外部医疗规定，都要求精神分析师要满足执业标准。我们会在本章后面描述一些细节。

第九章　职业化：组织、交流和管理

国际精神分析联盟（International Psychoanalytic Assiociation，IPA）

全欧洲的智者都被吸引到维也纳去与弗洛伊德做分析和学习他的思想。他也逐渐地有了同事和合作者。在这些同事中也有很多跟他起冲突并持有不同意见的，比如荣格和阿德勒，他们逐渐与弗洛伊德走远。弗洛伊德要保证精神分析理论和实践的权威性，他相信一个国际组织是维护和发展他的思想的重要保障。

1902年弗洛伊德邀请了四个男人会面，以讨论他的工作，他们形成了所谓心理学周三社团。值得注意的是，也有女人师从弗洛伊德并成为精神分析师，这在那时是很不寻常的。1908年心理学周三社团有14个成员，并更名为维也纳心理学社团。同年弗洛伊德的合作者卡尔·荣格和欧内斯特·琼斯在萨尔茨堡举办了一次非正式的国际会议。这次会议被认为是第一次国际精神分析年会。

在萨尔茨堡会议期间，讨论了建立国际精神分析联盟的想法，并在1910年3月的纽伦堡会议上成立了国际精神分析联盟，第一届联盟的主席是荣格。1911年，第三届会议在魏玛举行，有106位IPA会员。1911年的会议接受了美国新成立的两个协会，纽约精神分析协会和美国精神分析协会。期间弗洛伊德和荣格的关系恶化，开始有了极大的分歧，无论是在学术观点上还是在个人关系上，1913年初他们的关系走向终结。荣格仍然作为

IPA 主席，直到 1914 年 4 月他辞职。荣格和精神分析最后的链接断裂。荣格转而建立了分析性心理治疗学派（见第八章）。

1924 年 IPA 有 263 名成员。关于培训，在 1926 年的霍姆堡会议达成了一致，每个国家都要提供培训学院，对于培训的监管也被设定下来。其中关键的原则是：

1. 对候选人的挑选、培训和认证职责；
2. 所有候选人都要进行个人分析；
3. 督导；
4. 理论课程。

1950 年有 800 名 IPA 成员，到 1970 年已有 2450 名。

现今的 IPA

2010 年，IPA 成立一百周年，有超过 12000 名成员，70 多个组织分布在 33 个国家，大部分在欧洲、北美、拉丁美洲，有一些在澳大利亚、以色列，少数在印度和日本。IPA 是世界首要的精神分析认证和监管实体，它与其分协会一起工作，建立培训标准，组织会议和国际交流，以及发展临床、教育和研究项目。它促进新的精神分析小组建立，并扮演着职业精神分析师的职业生涯中的国际信息焦点的角色。近年来，IPA 对东欧国家精神分析的重新崛起提供了支持（见第四章）。目前 IPA 也在中国的北京提供有限的培训项目。

由于 IPA 需要在不同文化特别是不同传统背景下监管和调

和精神分析的培训与实践，所以不可避免的它也会存在一些内部冲突。而且不同的经济条件也时常给当地的执业者带来压力，他们有时为了经济而采取诸如减少每周的咨询次数的策略。因此，为了考虑到临床中合理的差异同时又符合必要的标准，有许多工作需要去做。

IPA分协会

除了在那些地理位置上较分散的城市建立新的精神分析培训学院以及在那些从未出现过精神分析的地方成立新的培训项目，有些之前存在过或者解散过协会的城市也时常建立新的IPA分协会。可能部分因为理论以及实践的差别，使得一部分人觉得他们在另一个分协会中会更舒服。在美国这也可能是培训非医学背景的精神分析师引起的冲突的结果，在法律调节下（见第四章）这些协会也都归属于IPA。

目前在英国有两个IPA成员机构。英国精神分析学会（The British Psychoanalytic Society，BPAS）于1919年由欧内斯特·琼斯建立。BPAS是国际精神分析联盟的第七个协会；精神分析学院于1924年建立，协调BPAS经济和管理事务，比如运行出版、培训项目、图书馆和临床事宜。到2010年BPAS有433名成员和40名候选人。伦敦精神分析诊所成立于1926年，在精神分析学院建立后不久，就建立了精神分析诊所，可以给那些需要咨询但付不起钱的人提供帮助。在最初50年里有3080个咨客在赞助下免费或是以极低的价格进行了精神分析治疗。目前有约60人在接受低收费的分析性治疗。医院还有咨询服务，每年会收到600多个来访者的电邮、电话或是信件咨询，其中120个需要心理分析性咨询。

直到2010年BPAS都一直是英国唯一的IPA分协会和精神分析培训学院。但在2009年芝加哥的IPA大会上，正式一致同意，从2010年1月起，英国精神分析协会（British Psychoanalytic Association，BPA）成为IPA的分协会。BPA来自于英国心理学家协会（British Association of Psychotherapists，BAP）的其中一组，是伦敦的精神分析性心理治疗组织。从近两年直到2010年1月，有一些BAP成员希望并且也适合承担评估准入资格的工作。现在BPA有约60名成员，并提供培训项目。

事实上，直到最近，伦敦也只有一个IPA分协会是值得特别注意的，因为除了主要的理论和临床的分歧（见第四章），BPAS仍然是一个完整的协会，它并未被分裂。然而在英国其他城市，精神分析发展得很少，虽然最近几年在其他的中心也有所发展。BPA并非出于方向上的差异性或是地域的原因而组建，而是因为BAP的成员觉得他们的培训要符合IPA标准并得到认证。

出版发行

一个专业是需要交流临床和理论发现与观点的。1919年弗洛伊德成立了一家独立的出版社，国际精神分析出版社（Internationaler Psychoanalytischer Verlag，IPV，备注：德语）。这个机构本来很盈利，但被"一战"后的通货膨胀击垮，而后来的经济危机也成为一直的威胁。后来由于德国国家社会主义者队伍壮大，1938年出版社就被盖世太保查封并清理了。

1920年欧内斯特·琼斯成立了出版社的英语分支，出版发行《国际精神分析杂志》(*International Journal of Psychoanalysis, IJPA*)，和国际精神分析年鉴系列。伦敦精神分析学院建于1924年，冒险接下了这个出版发行的任务。1943—1974年间，精神分析学院与霍加出版社一起，翻译发行了弗洛伊德全部24卷的心理学著作。最近的工作是修订标准版，期望近几年能出版。

《国际精神分析杂志》是第一本精神分析的英语杂志。IJPA流传广泛，不仅精神分析师，还有很多对精神分析感兴趣的人都阅读它，并且将所得运用于咨询室之外。今天，当然有更多其他不同语言的精神分析杂志，精神分析作品也快速地被翻译成其他语言，以提供给那些对精神分析比较感兴趣的国家，比如俄罗斯和中国。

电子出版物对精神分析也很重要。不仅很多杂志都能在网上找到，也有非常多的精神分析杂志和书籍有了电子版，如PEP（Psychoanalytic Electronic Publishing，精神分析电子出版物）。PEP是很多主要的精神分析作品的电子合集。2009年时就覆盖了1871年到2006年的文献，包含37个精神分析杂志的所有完整文本，58部精神分析著作的完整版，以及弗洛伊德全集24卷。这个数据库以之前从未有过的方式允许搜索和交叉引用，此举加强了精神分析学科的发展。PEP是独立管理的，但是也并属于伦敦精神分析学院和美国精神分析协会。

精神分析培训

IPA学院里的精神分析培训按照如上所列的标准进行，在不同的国家里、在不同的精神分析传统下，当然也还是会有不同的具体实施过程。

伦敦BPAS，个人的训练分析由指定的分析师进行，从被接受起，贯穿训练始终，直到最后获得证书。实际上很多获得证书的分析师仍然继续接受分析，直到他们自己感觉满意。学员要参加一系列的临床和理论研讨会，一周两到三次，都在晚上。要在第一年全年进行为期一年的婴儿观察。学员观察一个家庭中母亲与她的孩子在一起的情形，观察生命的第一年是怎样的，每周一小时。学习婴儿的发展过程和家庭关系，学生们开始在不掺杂自身人格特性的情况下，学习观察和感受这一复杂的技艺。然后每周的研讨会上讨论记录的观察。

参加完一年的研讨会之后，学员就要开始对自己的第一个病人进行分析。这个病人一周要看5次并持续至少两年，尽可能地长，直到分析完成。在进行治疗的过程中，学员每周要在督导老师那里接受一次督导。如果这个案例进展得很顺利就可以开始第二个病人的治疗了。同样的这个病人一周要看5次，并要有督导。如果第一个病人是男性，那么第二个病人要是女性。这个案例要一直持续至少一年，目的是为了认证，当然像第一个病人一样，可以延长治疗时间，依据病人和治疗实际的需要。

通常精神分析的学生出身于精神科、心理学或其他社会学学科或是临床工作。正式的挑选过程包括两次个人访谈，看申请者是否适合这项工作。在伦敦也有很多其他背景的学生能有这个机会，比如法律、教育。但他们还需要获得一些治疗病人或治疗有心理障碍的病人的相关经验，通常是在志愿者机构。在准入标准上的变化反映了社会变迁，更多的治疗需求（也许一定程度上，受到弗洛伊德思想的影响）和更多的专家需求，虽然不是每个国家都允许来自于这么多不同专业背景的人申请培训。精神分析的学生年纪通常在29～50岁。

精神分析和医学工作

治疗职业，比如躯体治疗和心理治疗，最初是被作为"专业补充医疗"，从业者被要求在医疗环境下工作。现在很多国家已经不再有这样的事情了，躯体治疗或是临床心理治疗都是独立的职业，并可以在其领域内给予评估和治疗。精神分析师也是如此。

不过也还是有一些关于精神分析和医学的有趣的历史。最开始很多参加精神分析运动的人并没有医学背景，而弗洛伊德本人也赞成医学背景并不是非要不可（Freud，1926b）。伦敦20世纪20年代就已经在考虑非医学背景的精神分析师的职业位置以及公众认可性。英国医师协会（British Medical Association，

BMA）找到一个办法，它同意建立一个委员会来审查精神分析。BMA最后建议道："弗洛伊德及其追随者关于使用其专门术语（精神分析）的要求应当也必须受到尊敬"（引自King & Steiner，1991）。它将精神分析看作一个独立的理论和技巧，因而精神分析应由自己来管理，BMA是不能替它来做决定的。同时也指出了"精神分析师"和"假"分析师之间的区别。精神分析师应在精神分析学院接受训练，而精神分析学院的培训资格是由国际精神分析联盟委任的。

相反，在美国精神分析与医学的关系则发展得非常不同，实际上在美国医生掌控精神分析治疗有很多年了。正如我们在第四章里说的，这一点在1986年的一个诉讼案件里达到顶峰，一个心理学家成功地控告了美国精神分析协会，因为不公平的待遇导致了收入的减少。这也正式开启了面向其他专业人士的精神分析培训之路。

精神科医生和精神分析师都是治疗混乱的、应激的和有心理问题的人。对于今天的精神分析与医学的关系，也许最好的描述方式是：一个独立的专科，既没有分裂也没有"选择"与谁合并，只是一个学派，有着自己独特的贡献。如果有好的合作关系，全科医生或精神科医生会认识到心理评估非常有效，并可以针对合适的病人使用心理治疗。同样的，当病人需要医疗帮助时精神分析师也能辨别出来。

专业行为

专业，首先，正如定义中所说的，需要训练达到一个特别的标准，并且有责任在独立执业过程中保持专业标准，保持一贯的专业行为以及同行审查、再教育和理论知识与技术的更新。要让人们相信一个执业治疗师符合这些标准，就得让大众相信执业治疗师是属于专业机构的，专业机构也应该公开其注册的成员，使公众知道他们都是谁。专业机构也应该做好接受投诉的准备，同时拥有一个可以调查这些投诉的机关并做好施加制裁的准备，包括免职。就像前面提到的，政府越来越不信任专业的自我监管，也有越来越多地被强加给专业机构的外部监管。在英国特别是跟医疗专业相关的更容易发生。尽管医生已经要求进行执业注册，但自1858年以来只被医生运营的 GMC 现在却有了很多外部控制。

所有这些要求都适用于精神分析，但是也有其缺点。首先，因为移情的本性，道德标准需要特别独特、清晰。当然，病人和来访者等所有专业的救助关系中都会有移情，这就是为什么医生或其他的专业人士绝对不能，比如，和病人发生性关系的原因。但是精神分析和动力性治疗会明确地促进并处理移情（见第二章），所以那些执业者必须特别谨慎地注意自己的行为。

第二，现在有许多种类的心理治疗，相应地也有多种专业的组织和大量不同的标准。对于那些没有接触过这个领域或者这方面知识的人来说，很难让他们认为专业标准会是经过安全管理的。在英国，它导致了很长时间的政治协商过程，因为最终没能达成一致，于是建立了不同的精神分析治疗师注册系统。

第三，在专业发展的早期，精神分析师花费了好长时间才完全意识到移情的力量和实践的含义。今天，不会有人接受一个分析师像弗洛伊德当初那样，去分析自己的女儿。同样地也不能去分析亲人和朋友，或者对病人的配偶谈论病人的情况。虽然弗洛伊德也这样做了。弗洛伊德很清楚病人与分析师之间关于性的界限，但当时很多分析师并没有很清晰地意识到这一点。在极少数的情况下道德的界限也被打破了。分析师深深地卷入病人，也不去找同事交流，陷入一种由病人的移情带来的满意情景。面对病人的愿望和幻想，分析师很难回避对其界限的挑战（Gabbard & Lester，1995）。但结果让人感到遗憾，分析师违反专业关系的事情时常发生。

道德准则

职业机构应该对精神分析师有一套正式的道德准则，依据此准则精神分析师必须注意自己的行为。通常，也有一些描述详细的指导原则，在日常实践中也不排除准则的独特运用。应公众的要求，声誉好的机构都应该有准则和指导原则。BPAS 和 BPA 的精神分析师都被要求遵守英国精神分析委员会（British Psychoanalytic Council，BPC）制定的道德准则。这些道德准则在 BPC 的网站上可以看到，它规定了分析师应承担的与病人最佳利益相关的必要的道德责任，包括这样的内容：保密性，在专业能力范围内开展工作，界限的管理以及身体和情感上的限制。

关于差异

尊重个体差异是精神分析本能的一部分，这应该是很明显的。从本书描述的所有的内容中我们可以清晰地看到，作为精神分析师要有特别的容忍力，以及在性别、种族、性取向方面的思考。分析师自己也想了解自己、变得对他人好奇且关注、有耐心、视角灵活、没有抵御、也不会别有用心。他们必须忍耐在很长一段时间内不知道答案，而非用固定答案、偏见或者刻意地硬挤出来的理解来填补当下的未知。

值得特别提到的是，病人以及那些想成为分析师的人通常会关注或许不被认可的同性恋以及被认为需要改变性取向的人。在精神分析的历史上曾经有过一段时期，大家对于允许同性恋接受精神分析培训这个现象极其关注，这看起来似乎有歧视，并且最终给那些想要得到培训的人带来痛苦和失望。随着我们深入地了解性别，我们似乎发现，同性恋就像异性恋一样多。因此同性恋身份不能作为无法进入培训的因素，其关键的因素应该是申请者是否有分析能力、能否充分地了解自己以便以一种无偏见的、关怀的、周全的方式回应病人的情感。

只要注意到病人有潜在的想法，认为他们的分析师想秘密地改变其性取向，我们就不能坚定地说精神分析的工作是在帮助一个人成为完整的自己。患者可能希望通过分析变成其他人，但是他们的分析师肯定不会有这样的想法。许多同性恋患者在分析过程中第一次感到自己被深深地理解被完全地接纳，并且变得更接纳自己。

而双性恋在弗洛伊德的性心理理论中有比较重要的地位。弗洛伊德认为我们所有的人都有双性恋的潜在趋势，在俄狄浦斯情结期，我们的性别认同逐渐地更多地靠近男性或是女性。这种认同在成年晚期成熟固定下来。有趣的是，弗洛伊德自己并没有把同性恋当成不能成为分析师的标准。比如，众所周知（Holroyd，1973，1994）在弗洛伊德那里做分析的詹姆斯·斯特雷奇（James Strachey）（见第三章）在1906年与经济理论家梅纳德·凯恩斯（Maynard Keynes）有过一段婚外情，曾经他也非常热烈和绝望地深爱过鲁珀特·布卢克（Rupert Brooke）很长的时间。当他决定娶艾利克斯（Alex）时，他就纠结于娶艾利克斯和对尼奥·奥利维（Noel Olivier）的爱之中。当詹姆斯和他的妻子艾利克斯到维也纳找弗洛伊德做过分析后，就有报道说他们彼此很恩爱了。

持续的专业发展与同行对实践的评论

近来，运营良好的专业机构都出台了这样一个要求：它的成员不仅要达到特别的培训标准，而且要继续学习，比如说通过阅读书本和杂志以及参加会议和课程。精神分析培训包括将自己的工作详细地呈现给督导师（因为认同病人而被忽略或被掩盖的事实），与其他同学一起参加临床研讨会。精神分析实践是必要的个人的独立活动，因此所有的执业者需要将自己的工作持续呈现给同行，尤其是当一个人感到被"卡住"或是面对一个很难的案例时。而且，经常与同事或是在小团体中进行讨论、交流观点本身就是不错的方法，分析师也因此不会失去自己的视角。那些监督精神分析师专业实践的机构，比如BPC（如下），通常要求分析师定期把临床工作呈现给同行。

英国的职业监管

正如前文提到的那样，多年的政治协商过程导致了几个不同的心理治疗师注册系统的建立。其中最大的两个就是英国心理治疗师委员会（the United Kingdom Council of Psychotherapists，UKCP）和英国心理咨询与心理治疗联合会（British Association of Counseling and Psychotherapy，BACP）。精神分析师和许多精神分析性心理治疗师选择在英国精神分析委员会（BPC）的小团体登记注册（如下）。但是现在英国政府规定该专业应该受卫生专业委员会（Health Professions Council，HPC）管理，HPC管理了13个其他的卫生专业，比如理疗师、配镜师、职业治疗师、艺术治疗师等，也包括在2009年加入HPC的临床心理学家。

英国精神分析委员会（BPC）是在1993年由BPAS、分析性心理治疗协会（Society of Analytical Psychology）（荣格派分析师）以及一部分采用精神分析性心理治疗的组织建立的。它设定了培训的要求，也规定那些注册的人需要不间断地学习专业知识，并且有一套道德准则和调查投诉的机制。这就意味着有一个注册系统可供公众参考，有标准可供其查看，有程序可供其投诉。BPC 的另一主要功能是代表一部分志同道合的组织，在试图影响政府监管时，比其中任何单独的个体拥有更大的权力和影响力。大概在 2011 年，当国家监管开始时，四个现有的注册系统就建立了 HPC 注册系统的基础。任何不在 HPC 登记注册的人如果冒用其中的诸如"心理治疗师"、"咨询师"等注册专业技术称号，就是违法行为。其实，对于那些加入注册系统的人来说都有一套最低的职业和教育标准。

在英国，心理治疗专业对于国家监管有很大的争议。激烈的争议主要来自那些反对详述自己所作所为的机构。大多数精神分析师都支持 BPC 和 HPC 合作建立注册系统的政策。然而对于国家监管将如何影响我们，其实每个人都感到很焦虑，大多数人认为它将会给公众带来保护，是件好事，但也有可能变得比之前更有官僚气息，应该尽可能地让 BPC 的精神分析师和精神分析性心理治疗师保持他们的独特性和质量标准。

职称问题

最近值得关注的是，在英国没有法律阻止那些冒称自己是精神分析师的人。在对心理治疗师实施国家监管之后，这种状况大概仍不会改变，因为"精神分析师"这一职称将不会成为注册职称。来自其他传统的非 IPA 的治疗师，比如拉康学派的治疗师（见第四章），在国家监管后他们还会继续像 IPA 的精神分析师一样称自己是精神分析师。国家监管以及心理治疗师的注册系统要做的是，通过确保培训的最低标准和实践的道德标准来保护公众。在 IPA 支持下的精神分析师的独特标准，将继续被 IPA 监督，在英国，BPC 将继续运营注册系统以及为那些在精神分析传统范围内工作的精神分析师和精神分析性心理治疗师建立独特的标准。

资源

国际精神分析联盟

英国精神分析学会

伦敦精神分析诊所

英国精神分析协会和英国心理学家协会

英国精神分析委员会

英国卫生专业委员会

国际精神分析杂志

精神分析电子出版物

塔维斯托克和波特曼 NHS 信托基金会

安娜·弗洛伊德中心

参 考 文 献

Abella, A. (2010) Contemporary art and Hanna Segal's thinking on aesthetics. *International Journal of Psychoanalysis*, 91: 163-179.

Abraham, K. (1924) A short study of the development of the libido, viewed in the light of mental disorders. In *Selected Papers on Psychoanalysis.* London: Hogarth, 1927.

Abrams, S. (1974) Book review of Ellenberger's *The Discovery of the Unconscious. Psychoanalytic Quarterly*, 43: 303-306.

Ainsworth, M. D. S., Blehar, M. C., Waters, E. and Wall, S. (1978) *Patterns of Attachment: A Psychological Study of the Strange Situation.* Hillsdale, NJ: Erlbaum.

Aisenstein, M. (2006) The indissociable unity of psyche and soma: a view from the Paris Psychosomatic School. *International Journal of Psychoanalysis,* 87: 667-680.

Aisenstein, M. (2010) Letter from Paris. *International Journal of Psychoanalysis*, 91: 463-468.

Aisenstein, M. and Smadje, C. (2010) Introduction to the paper by Pierre Marty: the narcissistic difficulties presented to the observer by the psychosomatic problem. *International Journal of Psychoanalysis*, 91 (2): 343-346.

Anderson, R. and Dartington, A. (eds) (1998) *Facing It Out: Clinical Perspectives on Adolescent Disturbance.* London: Routledge.

Anzieu, D. (1993) Autistic phenomena and the skin ego. *Psychoanalytic*

Inquiry, 13: 42-48.

Bachrach, H. (1995) The Columbia Records Project. In Shapiro, T. and Emde, R. (eds) *Research in Psychoanalysis: Process, Development, Outcome.* Madison, WI: International Universities Press.

Bachrach, H., Galatzer-Levy, R., Skolnikoff, A. and Waldron, S. (1991) On the efficacy of psychoanalysis. *Journal of the American Psychoanalytic Association,* 39: 871-916.

Balint, M. (1957) *The Doctor, His Patient, and the Illness.* London: Pitman.

Balint, M. (1968) *The Basic Fault: Therapeutic Aspects of Regression.* London: Tavistock.

Baradon, T. (2010) *Relational Trauma in Infancy.* London: Routledge.

Baradon, T. and Bronfman, E. (2010) Contributions of, and divergences between, clinical work and research tools relating to trauma and disorganization. In Baradon, T. (ed.) *Relational Trauma in Infancy.* London: Routledge.

Baradon, T., Broughton, C., Gibbes, I., James, J., Joyce, A. and Woodhead, J. (2005) *The Practice of Parent—Infant Psychoanalytic Psychotherapy.* London: Routledge.

Barker, P. (1991) *Regeneration.* London: Viking.

Barker, P. (1993) *The Eye in the Door.* London: Viking.

Barker, P. (1995) *The Ghost Road.* London: Viking.

Barnes, M. and Berke, J. (1973) *Mary Barnes: Two Accounts of a Journey through Madness.* Harmondsworth: Penguin.

Bateman, A. and Fonagy, P. (1999) The effectiveness of partial hospitalisation in the treatment of borderline personality disorder: a randomised controlled trial. *American Journal of Psychiatry*, 156: 1563-1569.

Bateman, A. and Fonagy, P. (2004a) Mentalization-based treatment of BPD. *Journal of Personality Disorders*, 18: 36-51.

Bateman, A. and Fonagy, P. (2004b) *Psychotherapy for Borderline*

Personality Disorders. Oxford: Oxford University Press.

Bateman, A. W. and Fonagy, P. (2008) Comorbid antisocial and borderline personality disorders: mentalization-based treatment. *Journal of Clinical Psychology*, 64:181-194.

Bateman, A. and Holmes, J. (1995) *Introduction to Psychoanalysis.* London: Routledge.

Bateman, A., Brown, D. and Pedder, J. (2000) *Introduction to Psychotherapy: An Outline of Psychodynamic Principles and Practice.* London: Routledge.

Beck, A., Freeman, A. and associates (1990) *Cognitive Therapy of Personality Disorders.* New York: Guilford.

Beck, A., Rush, A., Shaw, B. and Emery, G. (1979) *Cognitive Therapy of Depression.* New York: Wiley.

Bell, D. (1999) Psychoanalysis: a body of knowledge of mind and human culture. In Bell, D. (ed.) *Psychoanalysis and Culture.* London: Duckworth.

Bell, D. (2009) Is truth an illusion? Psychoanalysis and postmodernism. *International Journal of Psychoanalysis,* 90: 331-345.

Benhabib, S. (1992) *Situating the Self: Gender, Community and Postmodernism in Contemporary Ethics.* Cambridge: Polity.

Benvenuto, B. and Kennedy, R. (1986) *The Works of Jacques Lacan: An Introduction.* London: Free Association.

Bick, E. (1964) Notes on infant observation in psychoanalytic training. *International Journal of Psychoanalysis,* 45: 558-566.

Bion, W. (1961) *Experiences in Groups.* London: Tavistock.

Bion, W. (1967) *Second Thoughts.* London: Heinemann.

Blomberg, J., Lazar, A. and Sandell, R. (2001) Long term outcome of long term psychoanalytically oriented therapies: first findings from the Stockholm Outcome of Psychotherapy and Psychoanalysis Study. *Psychotherapy Research*, 11: 361-382.

Bollas, C. (2009) *The Evocative ObjectWorld.* Hove: Routledge.

Bowers, M. (1995) White City Toy Library: a therapeutic group for mothers and under-5s. In Trowell, J. and Bower, M. (eds) *The Emotional Needs of Young Children and Their Families: Using Psychoanalytic Ideas in the Community.* London: Routledge.

Bowlby, J. (1958) The nature of the child's tie to his mother. *International Journal of Psychoanalysis*, 39: 350-373.

Bowlby, J. (1959) Separation anxiety. *International Journal of Psychoanalysis,* 41: 1-25.

Bowlby, J. (1960) Grief and mourning in infancy and early childhood. *Psychoanalytic Study of the Child*, 15: 3-39.

Bowlby, J. (1969) *Attachment and Loss. Vol. 1. Attachment.* New York: Basic.

Bowlby, J. (1973) *Attachment and Loss. Vol. 2. Separation: Anxiety and Anger.* New York: Basic.

Bowlby, J. (1980) *Attachment and Loss. Vol. 3. Loss: Sadness and Depression.* New York: Basic.

Braddock, L. and Lacewing, M. (eds) (2007) *The Academic Face of Psychoanalysis: Papers in Philosophy, the Humanities and the British Clinical Tradition.* London: Routledge.

Brecht, K., Friedrich, V., Hermanns, L., Karuner, I. and Juelich, D. (eds) (1985) *Here Life Goes On in a Most Peculiar Way*, English edn. Goethe Institute. London: Kellner.

Breuer, J. and Freud, S. (1895) *Studies on Hysteria.* Standard Edition 2. London: Hogarth.

Britton, R. (1989) The missing link. In Steiner, J. (ed.) *The Oedipus Complex Today: Clinical Implications.* London: Karnac.

Britton, R. (1998) Daydream, phantasy and fiction. In *Belief and Imagination.* London: Routledge.

Britton, R. (2003) Narcissism and narcissistic disorders. In *Sex, Death and the Superego.* London: Karnac.

Bronstein, C. (2001) *Kleinian Theory: A Contemporary Perspective.*

London: Whurr.

Budd, S. and Rusbridger, R. (eds) (2005) *Introducing Psychoanalysis.* London: Routledge.

Cambray, J. and Carter, L. (eds) (2004) *Analytical Psychology: Contemporary Perspectives in Jungian Analysis.* London: Brunner-Routledge.

Cardinal, M. (1975) *The Words To Say It.* London: Women's Press.

Chasseguet-Smirgel, J. (1985) *Creativity and Perversion.* London: Free Association.

Chasseguet-Smirgel, J. (1988) *Female Sexuality.* London: Karnac.

Chodorow, N. (1978) *The Reproduction of Mothering.* Berkeley, CA: University of California Press.

Chrzanowski, G. (1975) Psychoanalysis: ideology and practitioners. *Contemporary Psychoanalysis*, 11: 492-499.

Cioffi, F. (1970) Freud and the idea of a pseudo-science. In Berger, R. and Cioffi, F. (eds) *Explanation in the Behavioural Sciences.* Cambridge: Cambridge University Press.

Cohn, N. (1994) Attending to emotional issues on a special care baby unit. In Obholzer, A. and Roberts, V. Z. (eds) *The Unconscious at Work.* London: Routledge.

Colman, W. (2010) The analyst in action: an individual account of what Jungians do and why they do it. *International Journal of Psychoanalysis,* 91: 287-303.

Cosin, B. R., Freeman, C. F. and Freeman, N. H. (1982) Critical empiricism criticized: the case of Freud. In Wollheim, R. and Hopkins, J. (eds) *Philosophical Essays on Freud.* Cambridge: Cambridge University Press.

Crews, F. (1997) *The Memory Wars: Freud's Legacy in Dispute.* London: Granta.

Crews, F. (ed.) (1998) *Unauthorised Freud.* Harmondsworth: Penguin.

Crockatt, P. (1997) Book review of *Why Freud Was Wrong* by Webster,

R. *Psychoanalytic Psychotherapy,* 11: 87-90.

Dartington, A. (1994) Where angels fear to tread: idealism, despondency and inhibition of thought in hospital nursing. In Obholzer, A. and Roberts, V.Z. (eds) *The Unconscious at Work.* London: Routledge.

Davids, F. (2002) September 11th 2001: some thoughts on racism and religious prejudice as an obstacle. *British Journal of Psychotherapy,* 18: 361-366.

Dawes, D. (1995) Consultation in general practice. In Trowell, J. and Bower, M. (eds) *The Emotional Needs of Young Children and Their Families: Using Psychoanalytic Ideas in the Community.* London: Routledge.

Department of Health (2008) *Improving Access to Psychological Therapies Implementation Plan: National Guidelines for Regional Delivery.* London: Department of Health.

Derrida, J. (1978) *Of Grammatology.* Trans. G. C. Spivak. Baltimore and London: Johns Hopkins University Press.

De Raeve, L., Rafferty, M. and Paget, M. (2009*) Nurses and Their Patients: Informing Practice through Psychodynamic Insights.* Cumbria: M&K.

Diamond, D. and Wrye, H. (1998) Prologue to 'Projections of Psychic Reality: A Centennial of Film and Psychoanalysis'. *Psychoanalytic Inquiry*, 18: 139-146.

Dolan, B., Warren, F. and Norton, K. (1997) Change in borderline symptoms one year after therapeutic community treatment for severe personality disorder. *British Journal of Psychiatry,* 171: 274-279.

Dreher, A. V. (2003) What does conceptual research have to offer? In Leuzinger- Bohleber, M., Dreher, A. V. and Canestri, J. (eds) *Pluralism and Unity? Methods of Research in Psychoanalysis.* London: IPA, pp. 109-124.

Dryden,W. (ed.) (2002) *Handbook of Individual Therapy,* 4th edn. London: Sage.

Dupont, J. (ed.) (1995) *The Clinical Diary of Sandor Ferenczi* Cambridge, MA: Harvard University Press.

Edgcumbe, R. (2000) *Anna Freud: A View of Development, Disturbance and Therapeutic Technique*. London: Routledge.

Ehlers, H. and Crick, J. (1994) *The Trauma of the Past: Remembering and Working Through.* London: Goethe-Institut.

Eickhoff, F.-W. (1995) The formation of the German psychoanalytical association (DPV): regaining the psychoanalytical orientation lost in the Third Reich. *International Journal of Psychoanalysis,* 76: 945-956.

Eissler, K. (1971) *Talent and Genius: The Fictitious Case of Tausk Contra Freud.* New York: Quadrangle.

Ellenberger, H. (1970) *The Discovery of the Unconscious.* London: Penguin.

Erlich-Ginor, M. (2010) The EPF working party on education - an overview. *Psychoanalysis in Europe,* Bulletin 64:33. Published by the European Psychoanalysis Federation.

Eysenck, H. (1952) The effects of psychotherapy: an evaluation. *Journal of Consulting Psychology,* 16: 319-324.

Fabricius, J. (1991a) Running on the spot: or, can nursing really change? *Psychoanalytic Psychotherapy,* 5 (2): 97-108.

Fabricius, J. (1991b) Learning to work with feelings: psychodynamic understanding and small group work with junior student nurses. *Nurse Education Today,* 11: 134-142.

Fabricius, J. (1995) Psychoanalytic understanding and nursing: a supervisory workshop with nurse tutors. *Psychoanalytic Psychotherapy*, 9 (1): 17-29.

Fabricius, J. (1996) Has nursing sold its soul? A response to Professor Banks. *Nurse Education Today,* 16: 75-76.

Fabricius, J. (1999) The crisis in nursing. *Psychoanalytic Psychotherapy,* 13 (3): 203-206.

Fairbairn, W. (1952) *Psychoanalytic Studies of the Personality.* London: Tavistock.

Falkenstrom, F., Grant, J., Broberg, J. and Sandell, R. (2007) Self analysis and post-termination improvement after psychoanalysis and long term psychotherapy. *Journal of the American Psychoanalytic Association,* 55 (2): 629-674.

Feltham, C. (1999) Facing, understanding and learning from critiques of psychotherapy and counselling. *British Journal of Guidance and Counselling,* 27: 301-311.

Flanders, S. (1993) *The Dream Discourse Today.* London: Routledge.

Flaskas, C. (2002) *Family Therapy beyond Postmodernism: Practice Challenges Theory.* Hove: Brunner-Routledge.

Fletcher, A. (1983) Working in a neonatal intensive care unit. *Journal of Child Psychotherapy,* 9 (1): 47-55.

Fonagy, P. (1991) Thinking about thinking: some clinical and theoretical considerations in the treatment of a borderline patient. *International Journal of Psychoanalysis,* 72: 1-18.

Fonagy, P. (2000) British Psychoanalytical Society Annual Research Lecture. Unpublished.

Fonagy, P. (2001) *Attachment Theory and Psychoanalysis.* New York: Other.

Fonagy, P. and Bateman, A. W. (2006) Mechanisms of change in mentalization-based treatment of BPD. *Journal of Clinical Psychology,* 62: 411-430.

Fonagy, P. and Target, M. (1996) Outcome and predictors in child analysis: a retrospective study of 763 cases at the Anna Freud Centre. *Journal of the American Psychoanalytic Association,* 44: 27-77.

Fonagy, P., Kachele, R., Krause, R., Jones, E., Perron, R. and Lopez, L. (1999) *An Open-Door Review of Outcome Studies in Psychoanalysis.* London: IPA.

Fonagy, P., Kachele, R., Krause, R., Jones, E., Perron, R. and Lopez, L.

(2002) *An Open-Door Review of Outcome Studies in Psychoanalysis,* rev. edn. London: IPA.

Fonagy, P., Steele, M., Moran, G., Steele, H. and Higgitt, A. (1993) Measuring the ghost in the nursery: an empirical study of the relation between parents' mental representations of childhood experiences and their infants' security of attachment. *Journal of the American Psychoanalytic Association,* 41: 957-986.

Forrester, J. (1997) *Dispatches from the Freud Wars.* Cambridge, MA: Harvard University Press.

Foulkes, S. and Anthony, E. (1973) *Group Psychotherapy: The Psychoanalytic Approach.*

Harmondsworth: Penguin.

Freud, A. (1926) *Four Lectures on Child Analysis.* Reprinted in *The Writings of Anna Freud.* New York: International Universities Press, 1974.

Freud, A. (1936) *The Ego and the Mechanisms of Defence.* London: Hogarth, 1987. Freud, A. (1944) *TheWritings of Anna Freud.Vol. III. Infants without Families (1939-45).*

London: Hogarth, 1974.

Freud, A. (1965) *Normality and Pathology in Childhood.* London: Hogarth.

Freud, A. (1975) The nursery school of the Hampstead Child Therapy Clinic.

Psychoanalytic Study of the Child Monograph Series, 5: 127-132.

Freud, S. (1900) *The Interpretation of Dreams.* Standard Edition 4 and 5. London: Hogarth.

Freud, S. (1901) *The Psychopathology of Everyday Life.* Standard Edition 6. London: Hogarth.

Freud, S. (1905a) *Jokes and their Relation to the Unconscious.* Standard Edition 8. London: Hogarth.

Freud, S. (1905b) Three essays on the theory of sexuality. Standard

Edition 7. London: Hogarth.

Freud, S. (1905c) Fragment of an analysis of a case of hysteria. Standard Edition 7. London: Hogarth.

Freud, S. (1908) Creative writers and daydreaming. Standard Edition 9. London: Hogarth.

Freud, S. (1909a) Notes upon a case of obsessional neurosis. Standard Edition 10. London: Hogarth.

Freud, S. (1909b) Analysis of a phobia in a five-year-old boy. Standard Edition 10. London: Hogarth.

Freud, S. (1910) Leonardo Da Vinci and a memory of his childhood. Standard Edition 11.

Freud, S. (1911) Formulations on the two principles of mental functioning. Standard Edition 12. London: Hogarth.

Freud, S. (1916) On transience. Standard Edition 14. London: Hogarth.

Freud, S. (1917a) Mourning and melancholia. Standard Edition 14. London: Hogarth.

Freud, S. (1917b) *Introductory Lectures on Psycho-Analysis.* Part III. Standard Edition 16. London: Hogarth.

Freud, S. (1918) From the history of an infantile neurosis. Standard Edition 17. London: Hogarth.

Freud, S. (1923) The ego and the id. Standard Edition 19. London: Hogarth. Freud, S. (1925) Negation. Standard Edition 19. London: Hogarth.

Freud, S. (1926a) Inhibitions, symptoms and anxiety. Standard Edition 20. London: Hogarth.

Freud, S. (1926b) The question of lay analysis. Standard Edition 20. London: Hogarth. Freud, S. (1930) Civilization and its discontents. Standard Edition 21. London: Hogarth.

Frosh, S. (1999) *The Politics of Psychoanalysis,* 2nd edn. London: Macmillan.

Frosh, S. (2003) Psychosocial studies and psychology: is a critical approach emerging? *Human Relations*, 56 (12): 1545-1567.

Frosh, S., Phoenix, A. and Pattman, R. (2002) *Young Masculinities: Understanding Boys in Contemporary Society.* London: Palgrave.

Gabbard, G. (1997) The psychoanalyst at the movies. *International Journal of Psychoanalysis*, 78: 429-434.

Gabbard, G. and Lester, E. (1995) *Boundaries and Boundary Violations in Psychoanalysis.* New York: Basic.

Galatzer-Levy, R. (1995) Discussion: the rewards of research. In Shapiro, T. and Emde, R. (eds) *Research in Psychoanalysis: Process, Development, Outcome.* Madison, WI: International Universities Press.

Gardner, S. (1995) Psychoanalysis, science and common sense. *Philosophy, Psychiatry and Psychology*, 2: 93-113.

Gay, P. (1988) *Freud: A Life for Our Time.* New York: Norton.

Gedo, J. (1976) Book review of Roazen's *Freud and his Followers*. *Psychoanalytic Quarterly*, 45: 639-642.

Gergely, G. (1992) Developmental reconstructions: infancy from the point of view of psychoanalysis and developmental psychology. *Psychoanalysis and Contemporary Thought*, 14: 3-55.

Gergely, G. and Watson, J. (1996) The social biofeedback model of parental-affect mirroring. *International Journal of Psychoanalysis*, 77: 1181-1212.

Godley, W. (2001) Saving Masud Khan. *London Review of Books,* 22 February.

Goldstone, R. (2001) Crimes against humanity: forgetting the victims. British Psychoanalytical Society Ernest Jones Lecture. On BPAS website www.psy-choanalysis.org.uk.

Green, A. (1980) The dead mother. In *Narcissism de vie, narcissism de mort.* Paris: Editions de Minuit. English translation: *Life Narcissism, Death Narcissism*, trans. Andrew Weller. London: Free Association, 2001.

Green, A. (2000) Response to Robert S. Wallerstein. In Sandler, J., Sandler, A.-M. and Davies, R. (eds) *Clinical and Observational Psychoanalytic Research: Roots of a Controversy.* Madison, CT: International Universities Press.

Greer, G. (1971) *The Female Eunuch.* London: Paladin.

Grünbaum, A. (1984) *The Foundations of Psychoanalysis.* Berkeley, CA: University of California Press.

Guthrie, E., Moorey, J. and Margison, F. (1999) Cost-effectiveness of brief psychodynamic-interpersonal therapy in high utilizers of psychiatric services. *Archives of General Psychiatry*, 56: 519-526.

Hale, N. (1995) *The Rise and Crisis of Psychoanalysis in the US.* New York: Oxford University Press.

Heinicke, C. M. and Ramsey-Klee, D. M. (1986) Outcome of child psychotherapy as a function of frequency of session. *Journal of the American Academy of Child Psychiatry*, 25: 247-253.

Hillard, R. (1993) Single-case methodology in psychotherapy process and outcome research. *Journal of Clinical and Consulting Psychology*, 61: 373-380.

Hinshelwood, R. (1994) *Clinical Klein.* London: Free Association.

Hinshelwood, R. (1997) *Therapy or Coercion? Does Psychoanalysis Differ from Brainwashing?* London: Karnac.

Hobbes, T. (1651) Philosophical rudiments concerning government and society. In Molesworth, W. (ed.) *The English Works of Thomas Hobbes.* Darmstadt: Wissenschaftliche, 1966.

Hobson, P., Patrick, M. and Valentine, J. (1998) Objectivity in psychoanalytic judgements. *British Journal of Psychiatry,* 173: 172-177.

Holmes, J. and Lindley, R. (1989) *The Values of Psychotherapy.* Oxford: Oxford University Press.

Holroyd, M. (1973) *Lytton Strachey: A Biography.* London: Heinemann.

Holroyd, M. (1994) *Lytton Strachey: The New Biography.* London:

Chatto &Windus.

Hopkins, J. (1988) Epistemology and depth psychology: critical notes on *The Foundations of Psychoanalysis.* In Clark, P. and Wright, C. (eds) *Mind, Psychoanalysis and Science.* Oxford: Blackwell.

Hurry, A. (1998) *Psychoanalysis and Developmental Therapy.* London: Karnac.

Jacobs, M. (1999) *Psychodynamic Counselling in Action,* 2nd edn. London: Sage.

Jaques, E. (1951) Working through industrial conflict: the service department at the Glacier Metal Company. In Trist, E. and Murray, H. (eds) *The Social Engagement of Social Science, Vo\.* 1. Philadelphia: University of Pennsylvania Press, 1990.

Jones, E. (1953-1957) *Sigmund Freud: Life and Work. Vols I-III.* London: Hogarth.

Jones, E. (1964) *The Life and Work of Sigmund Freud.* London: Penguin.

Joseph, B. (1989) *Psychic Equilibrium and Psychic Change.* London: Routledge.

Junkers, J.,Tuckett, D. and Zachrisson, A. (2008) To be or not to be a psychoanalyst - how do we know a candidate is ready to qualify? Difficulties and controversies in evaluating. *Psychoanalytic Inquiry,* 28: 288-308.

Kandel, E. (1998) A new intellectual framework for psychiatry. *American Journal of Psychiatry,* 155: 457-469.

Kaplan-Solms, K. and Solms, M. (2000) *Clinical Studies in Neuro-Psychoanalysis.* London: Karnac.

Kaye, J. (2008) Thinking thoughtfully about cognitive behaviour therapy. In House, R. and Loewenthal, D. (eds) *Against and For CBT: Towards a Constructive Dialogue?* Ross-on-Wye: PCCS.

Kazdin, A. (1992) *Methodological Issues and Strategies in Clinical Research.* Washington, DC: American Psychological Association Press.

Kerbekian, R. (1995) Consulting to premature baby units. InTrowell, J. and Bower, M. (eds) *The Emotional Needs of Young Children and Their Families: Using Psychoanalytic Ideas in the Community.* London: Routledge.

King, P. and Steiner, R. (1991) *The Freud-Klein Controversies 1941-45.* London: Routledge.

Klein, M. (1940) Mourning and its relation to manic depressive states. In *Love, Guilt and Reparation and Other Works. Vol. I of The Writings of Melanie Klein.* London: Hogarth, 1985.

Klein, M. (1946a) Notes on some schizoid mechanisms. In *Envy and Gratitude and Other Works. Vol. Ill of The Writings of Melanie Klein.* London: Hogarth, 1984.

Klein, M. (1946b) Envy and gratitude. In *Envy and Gratitude and Other Works. Vol. II of the Writings of Melanie Klein.* London: Hogarth, 1984.

Klein, M. (1960) On Mental Health. In *Envy and Gratitude and Other Works. Vol. Ill of The Writings of Melanie Klein.* London: Hogarth, 1984.

Kohon, G. (ed.) (1999) *The Dead Mother: The Work of Andre Green.* London: Routledge.

Kohut, H. (1977) *The Restoration of the Self* New York: International Universities Press.

Kohut, H. (1982) Introspection, empathy and the semi-circle of mental health. *International Journal of Psychoanalysis,* 63: 395-407.

Kolvin, I. (1988) Psychotherapy is effective. *Journal of the Royal Society of Medicine,* 81:261-266.

Kris, E. (1952) *Psychoanalytic Explorations in Art.* New York: International Universities Press.

Lacan, J. (1953) The function and field of speech and language in psychoanalysis. In: Lacan, J. (1977) *Ecrits:A Selection.* London: Tavistock, 1977.

Lanyardo, M. and Horne, A. (eds) (1999) *The Handbook of Child Psychotherapy.* London: Routledge.

Laufer, M. and Laufer, M.E. (1984) *Adolescence and Developmental Breakdown.* New Haven, CT: Yale University Press.

Layard, R. (2005) *Happiness: Lessons from a New Science.* London: Penguin.

Lear, J. (1998) *Open Minded: Working Out the Logic of the Soul.* Cambridge, MA: Harvard University Press.

Leff, J., Vearnals, S., Brewin, C., Wolff, B., Alexander, E., Asen, E., Dayson, D., Jones, E., Chisholm, D. and Everitt, B. (2000) The London intervention trial: an RCT of antidepressants versus couple therapy in the treatment and maintenance of depressed people with a partner. Clinical outcome and cost. *British Journal of Psychiatry,* 177: 95-100.

Leichsenring, F. and Rabung, S. (2008) Effectiveness of long-term psychodynamic psychotherapy: a meta-analysis. *Journal of the American Medical Association,* 300: 1551-1565.

Lemma, A. (2003) *Introduction to the Practice of Psychoanalytic Psychotherapy: A Practical Treatment Handbook.* Hoboken, NJ: Wiley.

Leuzinger-Bohleber, M. (2006) What is conceptual research in psychoanalysis? *International Journal of Psychoanalysis,* 87: 1355-1386.

Leuzinger-Bohleber, M., Stuhr, U., Rueger, B. and Beutel, M. (2003) How to study the quality of psychoanalytic treatments and their long term effects on patients' well-being: a representative, multi-perspective follow-up study. *International Journal of Psychoanalysis,* 84: 263-290.

Levine, M. (ed.) (2000) *The Analytic Freud: Philosophy and Psychoanalysis.* London: Routledge.

Lister-Ford, C. (2007) *A Short Introduction to Psychotherapy.* London:

Sage.

Luborsky, L., Diguier, L., Luborsky, E. and Schmidt, B. A. (1999) The efficacy of dynamic versus other psycho therapies: is it true that 'everyone has won and all must have prizes'? An update. In Janovsky, D. S. (ed.) *Psychotherapy: Indications and Outcomes.* Washington, DC: American Psychiatric Press.

Mahoney, P. (1974) Book Review of Ellenberger's *The Discovery of the Unconscious. Contemporary Psychoanalysis,* 10: 143-153.

Main, M. and Cassidy, J. (1995) Adult attachment classification system. In Main, M. (ed.) *Behaviour and the Development of Representational Models of Attachment: Five Methods of Assessment.* Cambridge: Cambridge University Press.

Main, M. and Hesse, E. (1990) Disorganised/disoriented infant behaviour in the Strange Situation, lapses in the monitoring of reasoning and discourse during the parent's Adult Attachment Interview, and dissociative states. In Ammaniti, M. and Stern, D. (eds) *Attachment and Psychoanalysis.* Rome: Gius, Latereza and Figli, pp. 86-140.

Main, T. (1989) *The Ailment and Other Psychoanalytic Essays.* London: Free Association.

Mansell, W. (2008) What is CBT *really,* and how can we enhance the impact of effective psychotherapies such as CBT? In House, R. and Loewenthal, D. (eds) *Against and For CBT: Towards a Constructive Dialogue?* Ross-on-Wye: PCCS.

Marty, P. and M'Uzan, M. (1963) La pensee operatoire. *Revue Frangaise de Psychanalyse,* 27: 345-356.

Masson, J. (1984) *The Assault on Truth.* London: Faber and Faber.

Masson, J. (1985) *The Complete Letters of Sigmund Freud to Wilhelm Fliess, 1887-1904.* London: Karnac.

Masson, J. (1989) *Against Therapy.* London: Collins.

McCormick, E. W. (2008) *Change for the Better: Self Help Through Practical Psychotherapy*, 3rd edn. London: Sage.

McDougall, J. (1986) *Theatres of the Mind.* London: Free Association.

McLeod, J. (2003) *Introduction to Counselling*, 2nd edn. Buckingham: Open University Press.

McNeilly, C. and Howard, K. (1991) The effects of psychotherapy: a re-evaluation based on dosage. *Psychotherapy Research*, 1: 74-78.

Meisel, P. and Kendrick, W. (eds) (1986) *Bloomsbury/Freud: The Letters of James and Alix Strachey 1924-1925.* London: Chatto and Windus.

Menzies Lyth, I. (1959) The functioning of social systems as a defence against anxiety: a report on the study of a nursing service of a general hospital. *Human Relations*, 13:95-121.

Menzies Lyth, I. (1965) Recruitment into the London Fire Brigade. In *The Dynamics of the Social: Selected Essays.* London: Free Association, 1989.

Menzies Lyth, I. (1988) *Containing Anxiety in Institutions: Selected Essays.* London: Free Association.

Menzies Lyth, I. (1989) *The Dynamics of the Social: Selected Essays.* London: Free Association.

Millet, K. (1970) *Sexual Politics.* New York: Doubleday.

Milner, M. (as Joanna Field) (1934) *A Life of One's Own.* London: Chatto and Windus.

Milner, M. (as Joanna Field) (1957) *On Not Being Able to Paint.* London: Heinemann.

Milner, M. (1987) *The Suppressed Madness of Sane Men.* London: Routledge.

Milton, J. (2001) Psychoanalysis and cognitive behaviour therapy: rival paradigms or common ground? *International Journal of Psychoanalysis,* 82: 431-447.

Mitchell, J. (1974) *Psychoanalysis and Feminism.* London: Penguin.

Mitchell, S. and Black, M. (1995) *Freud and Beyond: A History of Psychoanalytic Thought.* New York: Basic.

Mollon, P. (1998) *Memory and Illusion.* Chichester: Wiley.

Money-Kyrle, R. (1955) Psychoanalysis and ethics. In *The Collected Papers of Roger Money-Kyrle*. Strath Tey: Clunie, 1978.

Money-Kyrle, R. (1971) The aim of psychoanalysis. *International Journal of Psychoanalysis*, 52: 103-106. In *The Collected Papers of Roger Money-Kyrle*. Strath Tey: Clunie, 1978.

Moran, G. and Fonagy, P. (1987) Psychoanalysis and diabetic control: a single case study. *British Journal of Medical Psychology*, 60: 357-372.

Moran, G., Fonagy, P., Kurtz, A., Bolton, A. and Brook, C. (1991) A controlled study of the psychoanalytic treatment of brittle diabetes. *Journal of the American Academy of Child and Adolescent Psychiatry*, 30: 926-935.

Moran, M. G. (1991) Chaos theory and psychoanalysis. *International Review of Psychoanalysis*, 18: 211-221.

Mosse, J. (1994) The institutional roots of consulting to institutions. In Obholzer, A. and Roberts, V. Z. (eds) *The Unconscious at Work*. London: Routledge.

Moylan, D. (1994) The dangers of contagion: projective identification processes in institutions. In Obholzer, A. and Roberts, V. Z. (eds) *The Unconscious at Work*. London: Routledge.

Mulvey, L. (1989) *Visual and Other Pleasures*. Basingstoke: Palgrave Macmillan.

Mulvey, L. and Sabbadini, A. (eds) (2003) *The Couch and the Silver Screen: Psychoanalytic Reflections on European Cinema*. Hove: Brunner-Routledge.

Muratori, F., Picchi, L., Bruni, G., Patarnello, M. and Romagnoli, G. (2003) A two- year follow-up of psychodynamic psychotherapy for internalizing disorders in children. *Journal of the American Academy of Child & Adolescent Psychiatry*, 42 (3): 331-339.

Obholzer, A. (1994) Authority, power and leadership. In Obholzer, A. and Roberts, V. Z. (eds) *The Unconscious at Work*. London: Routledge.

Obholzer, A. and Roberts, V. Z. (1994) *The Unconscious at Work*. London:

Routledge.

Oliner, M. (1988) *Cultivating Freud's Garden in France.* Northvale, NJ: Aronson.

Parlett, M. and Hemming, J. (2002) Gestalt therapy. In Dryden, W. (ed.) *Handbook of Individual Therapy,* 4th edn. London: Sage.

Parry, G. and Richardson, A. (1996) *NHS Psychotherapy Services in England: A Review of Strategic Policy.* London: Department of Health.

Parsons, M. (2000) *The Dove That Returns, the Dove That Vanishes: Paradox and Creativity in Psychoanalysis.* London: Routledge.

Pascal, B. (1623-1662) *Pensees,* iv, 277. Trans. A. Krailsheimer. Harmondsworth: Penguin, 1995.

Perelberg, R. (ed.) (2000) *Dreaming and Thinking.* London: Karnac.

Perelberg, R. (ed.) (2005) *Freud: A Modern Reader.* London: Whurr.

Platt Report: The Welfare of Children in Hospital: Report of a Committee of the Central Health Services Council (1959). London: HMSO.

Polmear, C. (2008) An independent response to *Envy and Gratitude*. In Roth, P. and Lemma, A. (eds) *Envy and Gratitude Revisited.* London: International Psychoanalytical Association.

Popper, K. (1969) *Conjectures and Refutations,* 3rd edn. London: Routledge and Kegan Paul.

Psychoanalytic Electronic Publishing (2009) Archive 1 version 9 1871-2006.

Puget, J. (1992) Belonging and ethics. *Psychoanalytic Inquiry*, 12: 551-569.

Quinodoz, J. M. (2005) *Reading Freud.* London: Routledge.

Roazen, P. (1969) *Brother Animal: The Story of Freud and Tausk.* New York: Knopf.

Roazen, P. (1971) *Freud and his Followers.* London: Penguin.

Roazen, P. (1977) Orthodoxy on Freud: the case of Tausk. *Contemporary Psychoanalysis*, 13: 102-114.

Robert, M. (1966) *The Psychoanalytic Revolution.* London: Allen and

Unwin.

Roberts, V. Z. (1994) The organisation of work: contributions from open systems theory. In Obholzer, A. and Roberts, V. Z. (eds) *The Unconscious at Work*. London: Roudedge.

Robertson, J. and Robertson, J. (1989) *Separation and the Very Young*. London: Free Association.

Robinson, P. (1993) *Freud and His Critics*. Berkeley, CA: University of California Press.

Rosenfeld, H. (1965) *Psychotic States*. London: Hogarth.

Rosenfeld, H. (1987) *Impasse and Interpretation*. London: Routledge.

Roth, P. and Lemma, A. (eds) (2008) *Envy and Gratitude Revisited*. London: International Psychoanalytical Association.

Roustang, F. (1982) *Dire Mastery: Discipleship from Freud to Lacan*. Baltimore, MA: Johns Hopkins University Press.

Rustin, M. (1991) *The Good Society and the Inner World*. London: Verso.

Rustin, M. (1995) Lacan, Klein and politics: the positive and negative in psychoanalytic thought. In Elliott, A. and Frosh, S. (eds) *Psychoanalysis in Contexts*. London: Routledge.

Rustin, M. (1999) Psychoanalysis: the last modernism. In *Psychoanalysis and Culture*. London: Duckworth.

Rustin, R., Rhode, M., Dubinsky, H. and Dubinsky, A. (eds) (1997) *Psychotic States in Children*. London: Karnac.

Rycroft, C. (1985) *Psychoanalysis and Beyond*. London: Hogarth.

Ryle, A. (2002) *Introducing Cognitive Analytic Therapy: Principles and Practice*. Chichester: Wiley.

Sandahl, C., Herlittz, K., Ahlin, G. and Ronnberg, S. (1998) Time-limited group therapy for moderately alcohol dependent patients: a randomised controlled trial. *Psychotherapy Research,* 8: 361-378.

Sandell, R., Blomberg, J., Lazar, A., Carlsson, J., Broberg, J. and Schubert, J. (2000) Varieties of long-term outcome among patients in psychoanalysis and long-term psychotherapy: a review of findings in the Stockholm outcome of psychoanalysis and psychotherapy project (STOPP). *International Journal of Psychoanalysis*, 81: 921-942.

Sandler, J. (1983) Reflections on some relations between psychoanalytic concepts and psychoanalytic practice. *International Journal of Psychoanalysis,* 64: 35-46.

Sandler, J. (1987) *From Safety to Superego.* London: Karnac.

Sandler, J. (ed.) (1988) *Projection, Identification and Projective Identification.* London: Karnac.

Sandler, J. and Sandler, A.-M. (1998) *Internal Objects Revisited.* London: Karnac.

Sandler, J., Dare, C., Holder, A. and Dreher, A. (1992) *The Patient and the Analyst.* London: Karnac.

Sandler, J., Dreher, A. U. and Drews, S. (1991) An approach to conceptual research in psychoanalysis illustrated by a consideration of psychic trauma. *International Review of Psychoanalysis,* 18: 133-141.

Sandler, J., Holder, A., Dare, C. and Dreher, A. (1997) *Freud's Models of the Mind.* London: Karnac.

Sands, A. (2000) *Falling for Therapy.* London: Macmillan.

Scharff, D. E. and Scharff, J. S. (1987) *Object Relations Family Therapy.* Northvale, NJ: Aronson.

Schore, A. (1994) *Affect Regulation and the Origin of the Self.* Hillsdale, NJ: Erlbaum.

Schore A. (2010) Relational trauma and the developing right brain: the neurobiology of broken attachment bonds. In Baradon, A. (ed.) *Relational Trauma in Infancy.* London: Routledge.

Sebek, M. (2001) Presidential Address: Gates we try to open. EPF website www. epf-eu.org.

Segal, H. (1952) A psychoanalytic approach to aesthetics. *International Journal of Psychoanalysis,* 33: 196-207. In *The Work of Hanna Segal.* London: Free Association, 1988.

Segal, H. (1957) Notes on symbol formation. *International Journal of*

Psychoanalysis, 38: 391-397. In Bott Spillius, E. (ed.) *Melanie Klein Today. Vol. 1. Mainly Theory.* London: Routledge, 1988.

Segal, H. (1973) *Introduction to the Work of Melanie Klein.* London: Karnac, 1988.

Segal, H. (1981) *The Work of Hanna Segal.* New York: Aronson.

Segal, H. (1987) Silence is the real crime. *International Review of Psychoanalysis,* 14: 3-12.

Segal, H. (1991) *Dream, Phantasy and Art.* London: Routledge.

Segal, H. (1995) From Hiroshima to the Gulf War and after: a psychoanalytic perspective. In Elliot, A. and Frosh, S. (eds) *Psychoanalysis in Contexts.* London: Routledge.

Segal, H. (1997a) On the clinical usefulness of the concept of the death instinct. In *Psychoanalysis, Literature and War.* London: Routledge.

Segal, H. (1997b) *Psychoanalysis, Literature and War.* London: Routledge.

Segal, H. (2007) September 11. In Abel-Hirsch, N. (ed.) *Yesterday, Today and Tomorrow.* London: Routledge.

Shedler, J. (2002) A new language for psychoanalytic diagnosis. *Journal of the American Psychoanalytical Association,* 50: 429-456.

Shedler, J. (2010) The efficacy of psychodynamic psychotherapy. *American Psychologist,* 65 (2), 98-109.

Shedler, J. and Westen, D. (1998) Refining the measurement of Axis 11: a Q-sort procedure for assessing personality pathology. *Assessment,* 5: 335-355.

Slife, B. (2004) Theoretical challenges to therapy practice and research: the constraint of naturalism. In Lambert, M. J. (ed.) *Bergin and Garfield's Handbook of Psychotherapy and Behaviour Change.* New York: Wiley.

Solms, M. (1995) Is the brain more real than the mind? *Psychoanalytic Psychotherapy,* 9: 107-120.

Spensley, S. (1995) *Frances Tustin.* London: Routledge.

Spruiell, V. (1993) Deterministic chaos and the sciences of complexity: psychoanalysis in the midst of a general scientific revolution. *Journal of the American Psychoanalytical Association,* 41: 3-44.

Stein, M. (ed.) (2010) *Jungian Psychoanalysis.* Chicago: Open Court.

Steiner, J. (1993) *Psychic Retreats.* London: Routledge.

Steiner, R. (2000) *It Is a New Kind of Diaspora.* London: Karnac.

Stern D. (1985) *The Interpersonal World of the Infant.* New York: Basic.

Steuerman, E. (2000) *The Bounds of Reason.* London: Routledge.

Stevenson, J. and Meares, R. (1992) An outcome study of psychotherapy for patients with borderline personality disorder. *American Journal of Psychiatry,* 149: 358-362.

Stewart, H. (1992) *Psychic Experience and Problems of Technique.* London: Routledge.

Strachey, J. (1934) The nature of the therapeutic action of psychoanalysis. *International Journal of Psychoanalysis,* 15: 127-159.

Stubley, J. (2000) Review article. *Memory Wars* by F. Crews and others. *Remembering Trauma* by R Mollon. *Memory in Dispute* by V. Sinason. *Psychoanalytic Psychotherapy,* 14, 83-92.

Sulloway, F. (1979) *Freud, Biologist of the Mind.* New York: Basic.

Sutherland, S. (1976) *Breakdown.* London: Weidenfeld and Nicolson.

Szasz, T. (1969) *The Ethics of Psychoanalysis.* London: Routledge and Kegan Paul.

Taylor, D. (ed.) (1999) *Talking Cure: Mind and Method of the Tavistock Clinic.* London: Duckworth.

Taylor, D. (2008) Psychoanalytic and psychodynamic therapies for depression: the evidence base. *Advances in Psychiatric Treatment,* 14: 401-413.

Thorne, B. (2002) Person-centred therapy. In Dryden, W. (ed.) *Handbook of Individual Therapy,* 4th edn. London: Sage.

Timpanaro, S. (1974) *The Freudian Slip,* English edn. London: NLB, 1976.

Trist, E., Higgin, G., Murray, H. and Pollock, A. (1963) The assumption of ordinariness as a denial mechanism: innovation and conflict in a coal mine. In Trist, E. and Murray, H. (eds) *The Social Engagement of Social Science. Vol. 1. The Social- Psychological Perspective.* London: Free Association, 1990.

Tuckett, D. (2005) Does anything go? Towards a framework for more transparent assessment. *International Journal of Psychoanalysis,* 86: 31-49.

Tuckett, D. and Taffler, R. (2008) Phantastic objects and the financial market's sense of reality: a psychoanalytic contribution to the understanding of stock market instability. *International Journal of Psychoanalysis,* 89: 389-412.

Tustin, F. (1972) *Autism and Childhood Psychosis.* London: Hogarth.

Tustin, F. (1981) *Autistic States in Children.* London: Routledge.

Tustin, F. (1986) *Autistic Barriers in Neurotic Patients.* London: Karnac.

Tustin, F. (1990) *The Protective Shell in Children and Adults.* London: Karnac.

Tylim, I. (1996) Psychoanalysis in Argentina: a couch with a view. *Psychoanalytic Dialogues,* 6: 713-727.

Waddell, M. (2002) *Inside Lives.* London: Karnac.

Wallerstein, R. (ed.) (1992) *The Common Ground of Psychoanalysis.* Northvale, NJ: Aronson.

Wallerstein, R. (2009) What kind of research in psychoanalytic science? *International Journal of Psychoanalysis,* 90: 109-133.

Wampold, B. (2001) *The Great Psychotherapy Debate: Models, Methods and Findings.* Mahwah, NJ: Erlbaum.

Webster, R. (1995) *Why Freud Was Wrong.* London: HarperCollins.

Whittle, P. (2001) Experimental psychology and psychoanalysis: what we can learn from a century of misunderstanding. *Neuro-psychoanalysis*, 2: 233-245.

Wiener J. (2009) *The Therapeutic Relationship: Transference,*

Countertransference and the Making of Meaning. College Station, TX: A and M University Press.

Will, D. (1986) Psychoanalysis and the new philosophy of science. *International Review of Psychoanalysis,* 13: 163-173.

Winnicott, D. W. (1958) *Through Paediatrics to Psychoanalysis.* London: Hogarth, 1987.

Winnicott, D. (1960) The theory of the parent-infant relationship. *International Journal of Psychoanalysis,* 41: 585-595.

Winnicott, D. (1964) Further thoughts on babies as persons. In *The Child, the Family and the Outside World.* Harmondsworth: Penguin.

Winnicott, D. W. (1965) *The Maturational Process and the Facilitating Environment.* London: Hogarth.

Winnicott, D. (1971) *Playing and Reality.* London: Tavistock.

Winter, D. (2008) Cognitive behaviour therapy: from rationalism to constructivism? In House, R. and Loewenthal, D. (eds) *Against and For CBT: Towards a Constructive Dialogue?* Ross-on-Wye: PCCS.

Wolf, E. (1976) Book Review of Roazen's *Freud and his Followers. Journal of the American Psychoanalytic Association,* 24: 243-244.

Wollheim, R. (1984) *The Thread of Life.* Cambridge: Cambridge University Press.

Wollheim, R. (1993) *The Mind and its Depths.* Cambridge, MA: Harvard University Press.

Wright, E. (1984) *Psychoanalytic Criticism.* London: Methuen.

Yates, C. (2001) Teaching psychoanalytic studies: towards a new culture of learning in higher education. *Psychoanalytic Studies,* 3, 333-347.

Zaphiriou Woods, M. (2000) Preventive work in a toddler group and nursery. *Journal of Child Psychotherapy,* 26 (2): 209-233.